普通高校"十一五"规划教材

单片机原理实验教程

主　编　薛庆军　张秀娟
副主编　王桂海　王元红　张晓晖

北京航空航天大学出版社

内容简介

本实验教程是根据“单片机原理及应用”课程的教学要求及编者多年从事教学、科研和工程实践经验编写的。它适应面向新世纪教育改革和科技发展要求，是电子类和计算机类专业的一门必修专业基础实验课程。

书中内容主要包括实验工具简介、基础性和提高性实验和附录三部分。第一部分为实验工具简介，主要介绍了 Keil C 仿真器的使用方法及超想－3000TB 实验仪的组成部分。第二部分为基础性和提高性实验，其中基础性实验主要安排了 P 口输入输出实验、八段数码管显示实验、键盘扫描显示实验、A/D、D/A 转换实验和步进电动机控制等实验；提高性实验主要安排了电子时钟、双机通信、RAM 扩展、工业顺序控制(INT0、INT1)综合、点阵式 LCD 液晶显示屏和温度测量等实验。做实验时学生可根据实验中提供的流程图及参考程序自行设计程序完成实验要求。第三部分为附录，主要介绍了 MCS－51 实验模块、常用逻辑门电路、常用芯片引脚图以及超想－3000TB 综合实验仪的系统资源分配。本教程采用汇编语言和 C 语言两种编程语言编写。其内容丰富，具有较强的专业性和实用性。实验教程的目的是着重培养使用人员的动手能力和实践能力。

本书为理工科电子类与计算机类专业的实验教材，也可供中、高级单片机开发人员阅读参考。

图书在版编目(CIP)数据

单片机原理实验教程/薛庆军等编著. —北京：北京航空航天大学出版社，2008.8

ISBN 978－7－81124－268－3

Ⅰ.单…　Ⅱ.薛…　Ⅲ.单片微型计算机－高等学校－教材　Ⅳ.TP368.1

中国版本图书馆 CIP 数据核字(2008)第 091310 号

单片机原理实验教程

主　编　薛庆军　张秀娟

副主编　王桂海　王元红　张晓晖

责任编辑　金友泉

*

北京航空航天大学出版社出版发行

北京市海淀区学院路 37 号(100083)　发行部电话：010－82317024　传真：010－82328026

http://www.buaapress.com.cn　E－mail：bhpress@263.net

涿州市新华印刷有限公司印装　各地书店经销

*

开本：787 mm×960 mm　1/16　印张：13.5　字数：302 千字

2008 年 8 月第 1 版　2008 年 8 月第 1 次印刷　印数：5 000 册

ISBN 978－7－81124－268－3　定价：22.00 元

前　　言

随着电子信息科学与技术的进步，大规模及超大规模集成电路技术的飞速发展，单片机技术也得到了迅速发展。目前单片机技术渗透到人们生活的各个领域，即从导弹的导航装置、飞机上各种仪表的控制到程控玩具、电子宠物等，几乎都有单片机的踪迹。智能化的东西越多，使用的单片机就越多。因此，了解单片机的相关知识，掌握单片机的应用技术，已是社会发展的需求。

在学习单片机的过程中，实验是一个很重要且不可缺少的环节。通过实验可使学生更加牢固地掌握单片机基本知识，学会灵活运用单片机并提高动手能力。本书正是基于这一点而编写的。通过一定量的基础性和提高性实验，学生可在 Keil C51 集成开发环境下，针对 51 系列单片机自行设计程序以便完成实验。

书中实验内容基本覆盖整个单片机课程的教学内容，学习时应遵从循序渐进的原则。基础性实验使学生掌握单片机以及常用外围芯片的编程使用方法，培养学生的基本能力和动手实践能力；提高性实验突出其应用性，主要培养学生的综合能力和创新能力。

全书分三部分。第一部分为实验工具简介。介绍了 Keil C 仿真器的使用方法及超想-3000TB 实验仪的组成部分。第二部分为基础性和提高性实验。主要针对单片机和一些常用外围芯片来安排一些实验，做实验时学生可根据实验中提供的流程图及参考程序自行设计程序完成实验要求。第三部分为附录。主要介绍了 MCS-51 实验模块、常用逻辑门电路、常用芯片引脚图以及超想-3000TB 综合实验仪的系统资源分配。

本书由薛庆军和张秀娟教授负责全书的统审定稿工作。第一部分为实验工具简介，由王元红、戚梅、汤建渝老师编写；第二部分中，基础性实验由薛庆军、张秀娟老师编写，提高性实验由王桂海、薛立勤、龚玉玺、陈秀霞老师编写；第三部分为附录，由宋戈、东野长磊、韩进老师编写。在编写过程中冯保建、付民进、戚光伟、徐恩春、李翔、郭秀玲等参加了大量的绘图和校对工作。

由于编者水平有限，书中不当之处，敬请读者批评指正。

编　者

2008 年 5 月

目　录

第一部分　实验工具简介

第二部分　基础性和提高性实验

第三部分 附 录

第一部分
实验工具简介

第 1 章　Keil C 仿真器使用介绍

第 2 章　超想-3000TB 实验仪简介

第 1 章　Keil C 仿真器使用介绍

Keil C51 μVision 2 是德国 Keil 公司开发的基于 Windows 环境的 8051 软件开发平台，是一个集项目管理、源程序编辑、程序调试于一体的强大集成开发环境。μVision 2 支持 Keil 的各种 8051 工具，包括 C 编译器、宏汇编器、连接/定位器及 Object－hex 转换程序，以帮助用户快速有效地实现嵌入式系统的设计与调试。采用 C 语言进行单片机系统的开发，具有避免手工分配寄存器，容易移植等优点。

恒科 Keil C 超级仿真器的特点：

(1) 可仿真 8031 内核的单片机；

(2) 直接支持 Keil C51 的 IDE 开发仿真环境，63 KB 用户程序空间；

(3) 保留单片机全部特性，避免仿真正常而实际烧录芯片不正常的问题；

(4) 可选 0～40 MHz 仿真频率；

(5) 程序代码可重复装载；

(6) 监控程序占用用户资源极少，全速运行不占用资源；

(7) 可在 Keil μVision 2 下单步、断点、全速运行，可参考变量、RAM 变量和结构变量等；

(8) 支持汇编语言、C 语言以及 C 与汇编混合编程；

(9) 内部物理存储空间为 68 KB，是伟福通用仿真器 G6 型的 7 倍(4 KB)，是伟福 51 专用仿真器的 4 倍；

(10) 支持 10 个硬件中断。

Keil C 超级仿真器占用资源：

(1) 串行口、定时器 2 作为波特率发生器；

(2) 6 字节堆栈空间。

1.1　Keil C51 集成开发环境

在 μVision 2 集成开发环境中，软件程序大都是以项目工程的形式存在，项目中的源文件、头文件以及库文件甚至说明性的技术文档都由一个工程项目来管理。

1.1.1　启动 Keil μVision 2 程序

启动 Keil μVision 2 应用程序，可以看到如图 1.1 所示的启动画面。

图 1.1　Keil μVision 启动画面

1.1.2　工作环境介绍

进入集成开发环境(IDE,Integrated Development Environment),出现如图 1.2 所示类似于微软的 Visual Studio 的 Keil 开发环境界面。

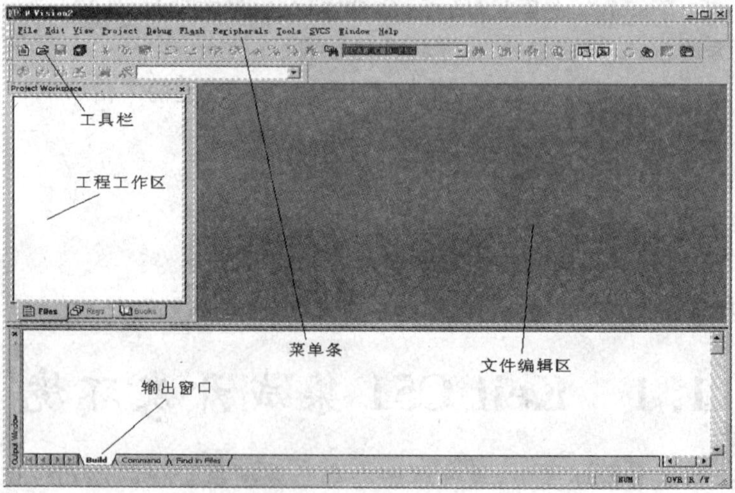

图 1.2　Keil 开发环境界面

整个 Keil 编译环境包括菜单栏、工具栏、工程工作区、文件编辑窗口以及信息输出窗口。各部分对文件的操作在此不作具体的介绍,下面具体介绍如何利用恒科 Keil C 超级仿真器来调试用户的程序。

1.2　Keil C51 仿真器使用流程

1.2.1　建立一个简单的项目文件

首先双击 Keil μVision 2 进入 μVision 2 界面。单击工具栏 Project|NewProject，开始建立自己的项目，如图 1.3 所示。输入工程文件名称，并选择保存工程文件的目录，如图 1.4 所示。

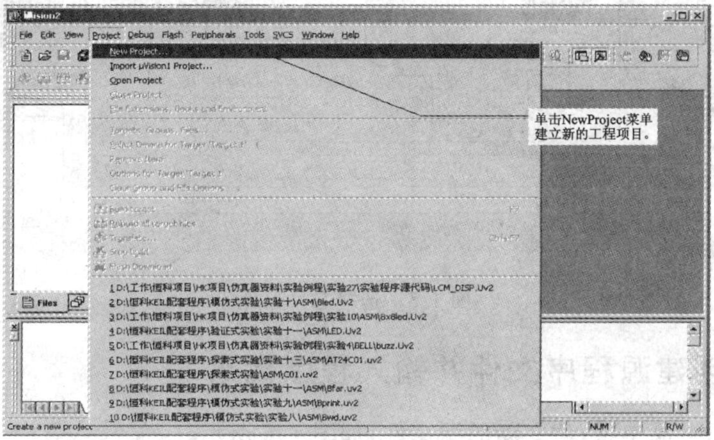

图 1.3　建立新的工程项目

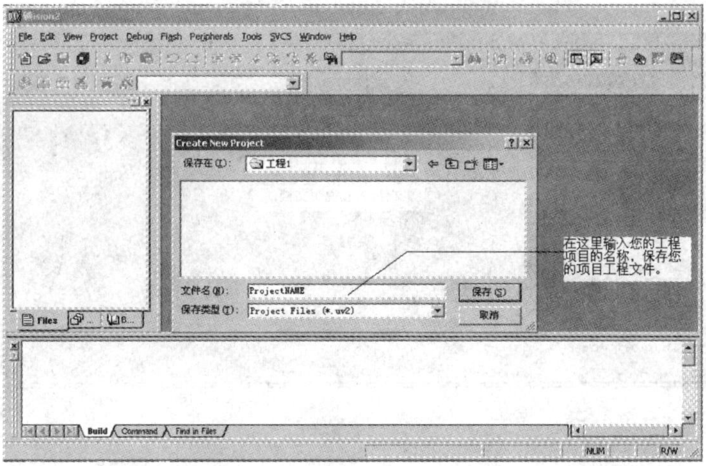

图 1.4　保存新工程对话框

保存完工程文件名称后，弹出如图 1.5 所示的选择 CPU 芯片器件的对话框。为工程选择一个目标器件（如 ATMEL 公司的 AT89C52），可单击“确定”按钮进入下一步。

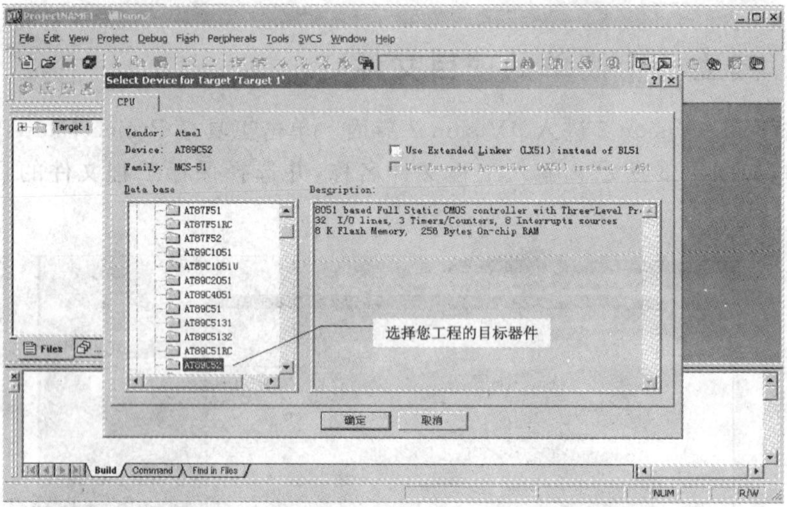

图 1.5 选择芯片器件

1.2.2 创建源程序文件并输入程序代码

单击 File|New 菜单项，建立新的源文件，如图 1.6 所示。

“保存”新建的源文件，弹出如图 1.7 所示的“Save As”对话框，把新建文件保存为 LED.C。

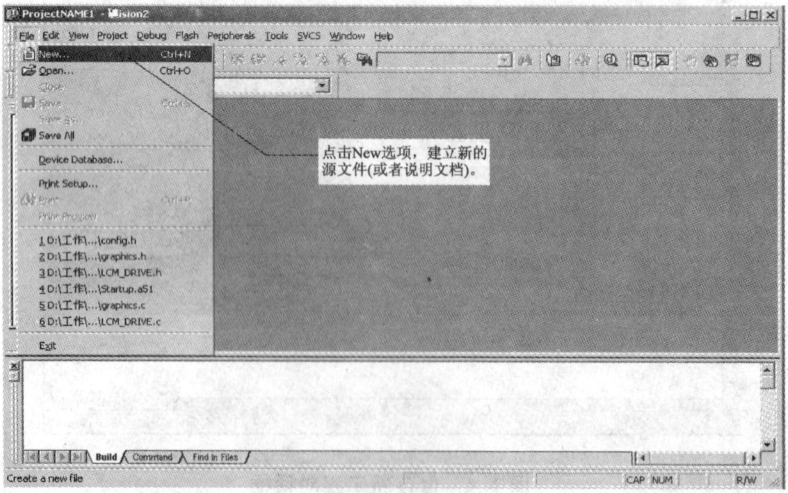

图 1.6 新建源文件

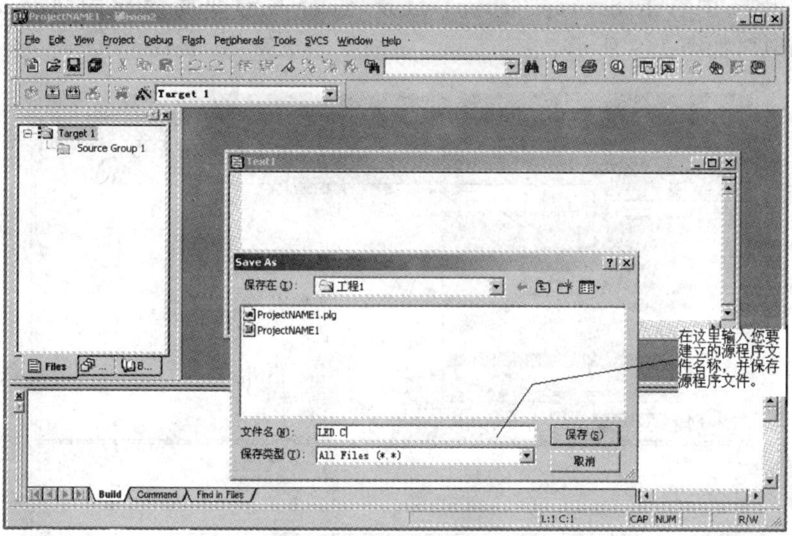

图 1.7　保存新建源文件

文件保存后，可以看到源文件的标题栏中显示文件路径，如图 1.8 所示，并在已经保存的源文件中输入程序代码。

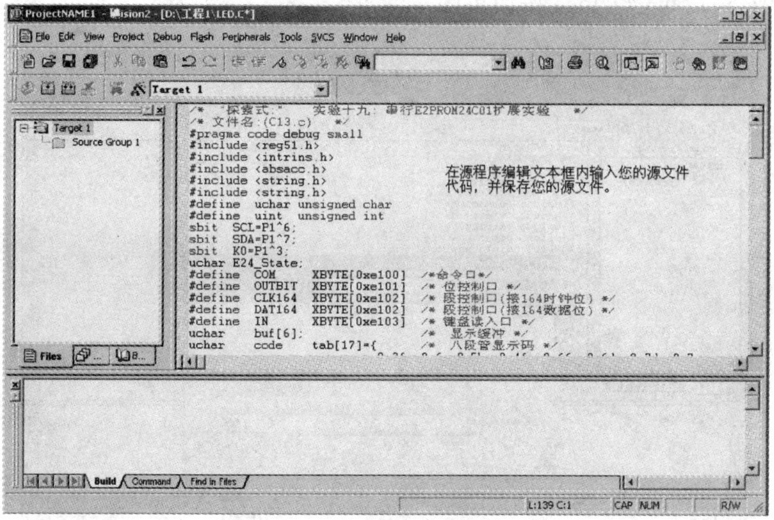

图 1.8　在源文件中输入代码

1.2.3　将源文件添加到项目中

在建好源文件并输入程序代码后，需要把该文件添加到工程中。在 Keil 工作环境左边的

Project Workspace 中右击 Source Group1 目录，选择右键快捷菜单中 Add File to Group “Source Group1”，如图 1.9 所示。

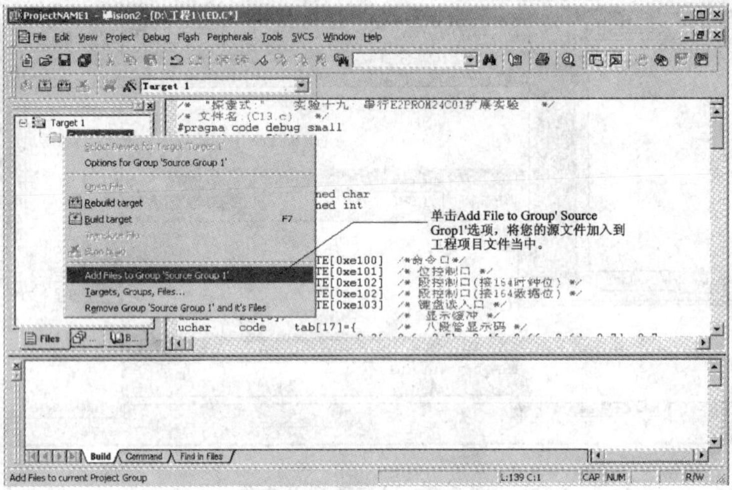

图 1.9　把源文件加入到工程中

在弹出的“选择文件”对话框中选择 LED. C，如图 1.10 所示，然后单击 Add 按钮将源文件添加到项目中，最后单击 Close 按钮关闭对话框。

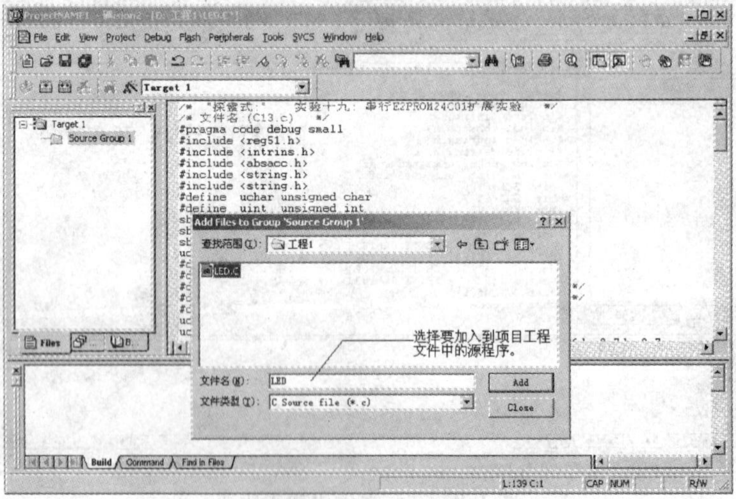

图 1.10　添加源程序

1.2.4　为工程项目设置软硬件调试环境

Keil μVision 2 允许用户为目标硬件设置选项。可以通过工具条图标打开，也可以右击项目窗口中的 Files 标签项中的 Target1，在弹出的菜单中执行 Options for Target ‘Target1’，如图 1.11 所示。

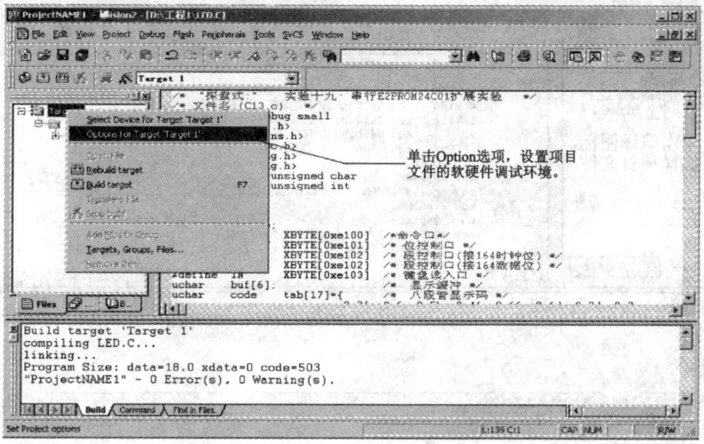

图 1.11 设置项目文件的调试环境

在弹出的对话框中，选择 Debug 选项卡，然后单击 Settings 按钮，设置 Com 口和 Baudrate，如图 1.12 所示。

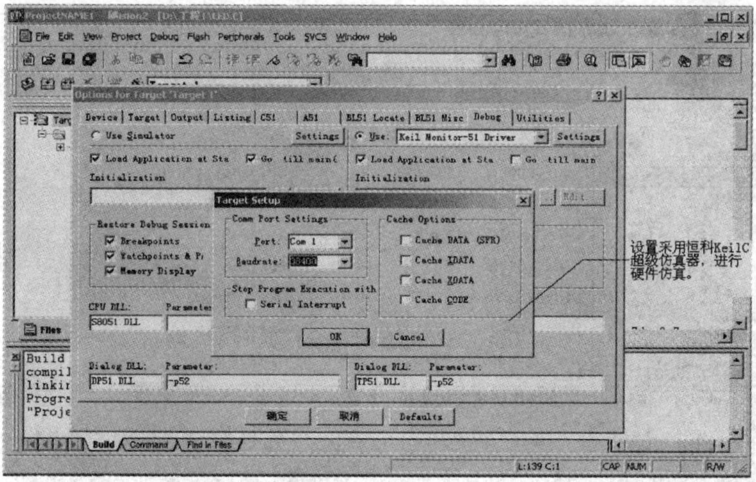

图 1.12 设置超级仿真器

1.2.5 编译项目文件

项目设置完成后，单击编译图标，编译项目文件，如图 1.13 所示。

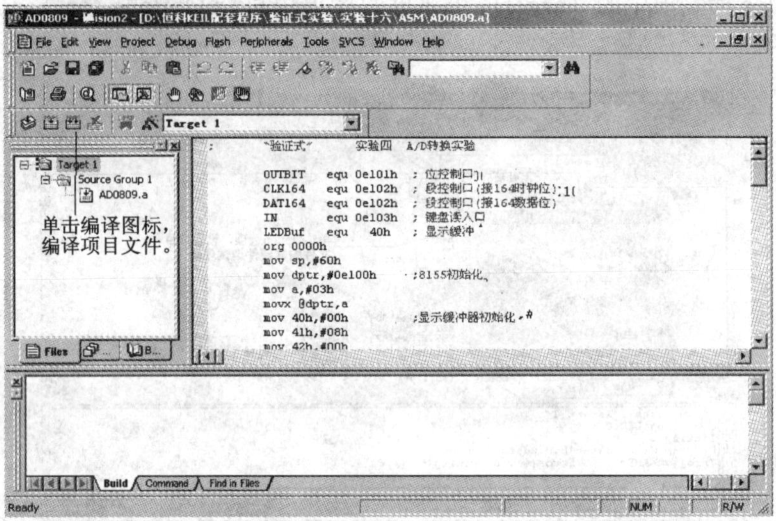

图 1.13 编译项目文件

1.2.6 硬件或者软件调试

单击开始调试图标，进入调试状态，如图 1.14 所示。

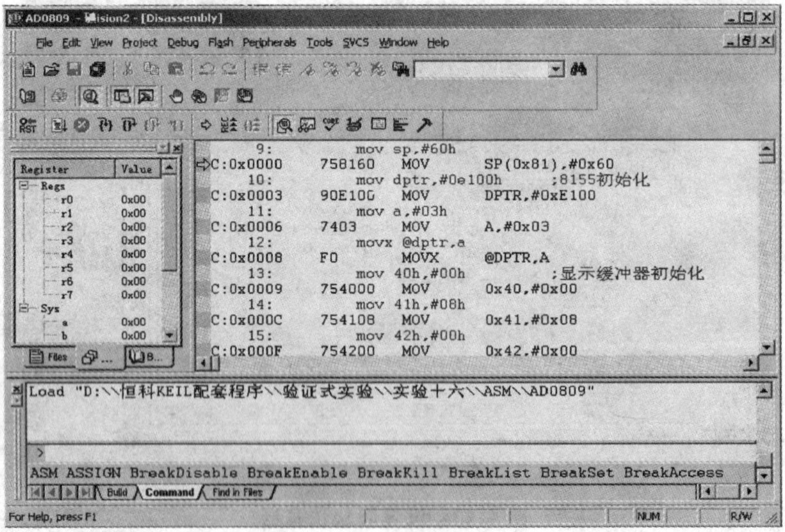

图 1.14 开始调试

使用仿真器时应注意：

如果 Keil C 仿真器用户程序在全速运行时需暂停运行，若仿真器已断开连接，应按仿真器上的红色复位键并重新连接装载运行。

第 2 章　超想-3000TB 实验仪简介

超想-3000TB 综合实验仪摒弃了传统实验仪的“单板式”设计方法，采用了符合单片机开发过程的“仿真式”综合设计思想，使所有的实验模块及 CPU 资源均全力对用户开放。该实验仪的实验平台作为一个独立的目标系统，采用 RS-232 实现与计算机的通信。这种结构既可以由软件进行“模拟”实验，又能让用户进行脱机验证实验的结果，从而使实验步骤与实际开发环境完全一致，学以致用。

超想-3000TB 综合实验仪可根据教学实践的需要实现 MCS51/MCS96/8088 等单片机实验、微机原理与接口实验，并在硬件上预留了自主开发实验的空间。该实验仪对基础实验仅需少量连线就可进行，以减少学生工作量；同时也提供了一些需较多连线的提高型实验以进一步锻炼学员的动手能力。

超想-3000TB 综合实验仪配备了+5 V/2 A、+12 V/1 A、−12 V/0.5 A 的电源，直接使用 220 V 交流电源工作。

超想-3000TB 综合实验仪有丰富的实验电路和灵活的组成方法。这些电路既可以和 MCS51 的 CPU 适配板(Keil C 超级仿真器)组合，以完成 MCS51 系列实验；也可以和 MCS96 的 CPU 适配板(80C196 系列)组合，以完成 MCS96 系列实验；还可以和 8088CPU 适配板相连，以完成 8086 系列实验。具体的模块描述请参阅第三部分附录中的实验模块简介。

下面演示超想-3000TB 综合实验仪面板的总体布局，以及对应实物上各功能模块的结构分配图，具体各部分的功能可以在后面的实验中慢慢地体会与学习，在此不作详细介绍。

图 2.1 为综合实验仪的面板布局，图 2.2 为超想-3000TB 综合实验仪结构分配图。

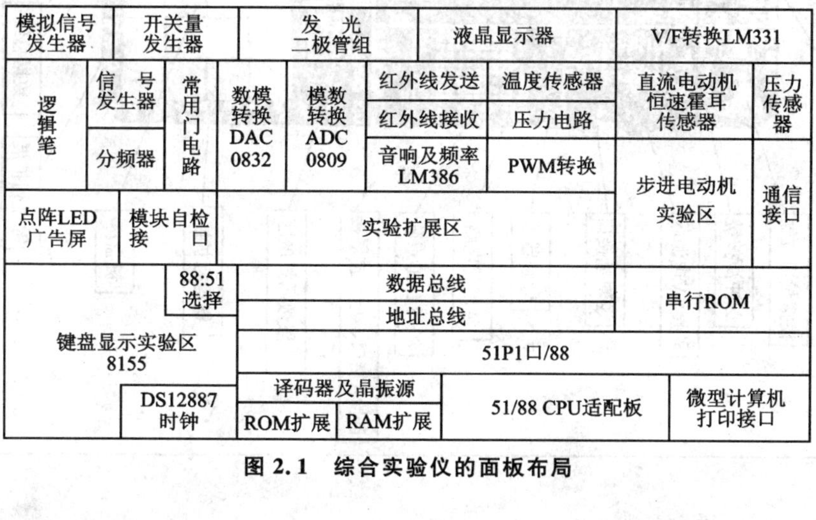

图 2.1　综合实验仪的面板布局

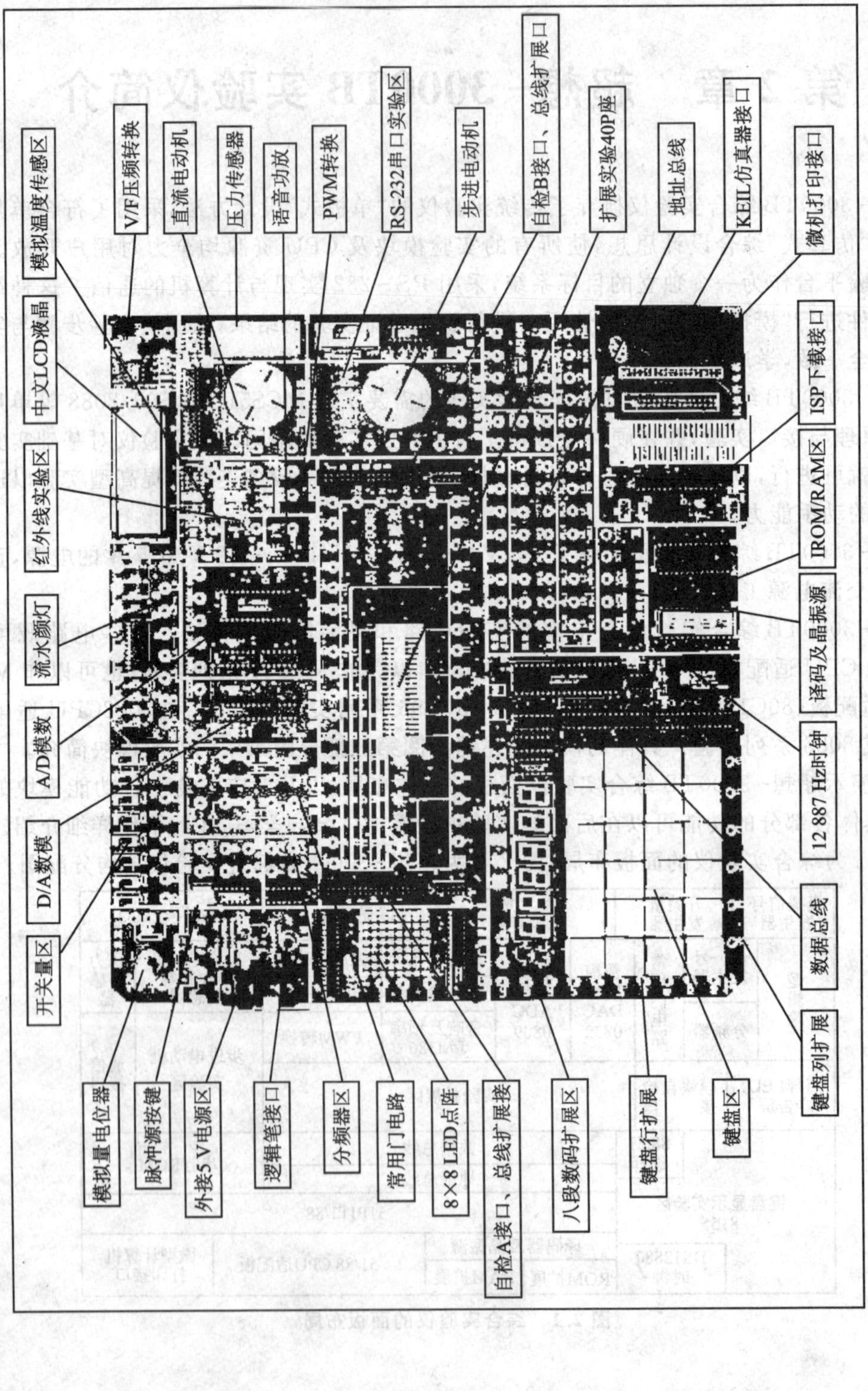

图2.2 超想-3000TB综合实验仪结构分配图

第二部分
基础性和提高性实验

第3章　基础性实验

3.1　数据排序实验μVision 2平台调试方法

一、实验目的

(1) 熟悉 Keil μVision 2 单片机开发平台。

(2) 学习利用 Keil μVision 2 平台进行 51 单片机程序的编辑、编译、排错、软件和硬件调试方法。学习修改和观察变量的方法;综合使用单步、断点调试的方法。

(3) 掌握单片机汇编语言的格式和编写方法。

二、实验内容

(1) 参阅《硬件安装》手册,把综合实验仪、仿真器与微型计算机串行口连起来,打开电源。

(2) 在微型计算机上单击 Keil μVision 2 图标,进入 μVision 2 调试环境。

(3) 建立一个新的工程:单击 Project|New Project 选项,在弹出的对话框中输入工程名,单击"保存",可以看到一个对话框弹出,在对话框左侧的器件选项卡中选择 ATMEL 公司的 AT89C51 芯片,单击"确定",在弹出的对话框中单击"是",将 8051 启动配置代码添加到新建的工程下。

(4) 编辑文件:单击 File|New,在文本编辑器中输入程序。

(5) 文件保存:单击 File|Save,在对话框中输入文件名。若是汇编程序则后缀为 .asm;若是 C 语言文件,则后缀为 .c。

(6) 文件编译、连接、装载:单击左侧 project workspace 中 Target 1 前的"+"展开文件,右击 Source Group,选择 Add File to 'Source Group 1'选项,将刚才保存的程序文件加入到工程下。单击 Project|Translate/Build Target/Rebuild all target files,系统自动进行编译,并弹出信息窗口。若有语法错误,则需重新修正,再次执行文件编译、连接、装载;若无语法错误,单击"确认"后,进入调试状态。

(7) 设置观察窗口:

① 单击 View|Memory Window,用鼠标拖动滚动条,使地址为 50H 后的数据显示在桌面上。

② 单击左侧 Project Workspace 下方的 register 选项条,观察寄存器的变化。

(8) 单步执行程序：按 F10 键一条一条地执行下去，注意观察寄存器区中相应的寄存器或者 CPU 内部存储区中相应的数据寄存器单元的数据变化。

(9) 连续运行：单击 RST，使 PC 指向 0000H；单击 Run 后，程序开始连续运行。如需暂停，则单击 Halt。

(10) 断点运行：要使程序执行到某条指令处暂停，如执行到 LOOP1 处，可将光标移到 LOOP1 处并按鼠标左键，将该位置设置为断点，单击 Run，程序将在 LOOP 行停止运行。

(11) 复位：单击 μVision 2 编译环境的复位按钮，强迫 PC 指向 0000H。

三、实验设备与器材

(1) Keil C 超级仿真器　　1 台

(2) 计算机（装有 Keil μVision 2 平台）　　1 台

(3) 超想-3000TB 综合实验仪　　1 台

四、实验原理

8051 单片机内部 RAM 空间分布是：00H～1FH 为四组寄存器存储空间；20H～2FH 为 16 个字节的各位寻址区，共 128 位；30H～7FH 为用户 RAM 区，且堆栈一般也在此区开设，所以一般汇编程序的开始都有将堆栈指针指向该区的高位地址的操作（MOV SP，#70H）；7FH～FFH 为 SFR 区。

本实验要求编写并调试一个排序子程序，其功能为：用冒泡法将内部用户 RAM 区中几个单字节无符号正整数，按从小到大的次序重新排列。因为 8051 单片机上电复位后将用户 RAM 区清零，所以在编写排序程序前需事先编写一段程序，将需要排序的几个数写到内部用户 RAM 区相应的几个单元中。

五、程序框图

图 3.1 为数据排序子程序流程图。

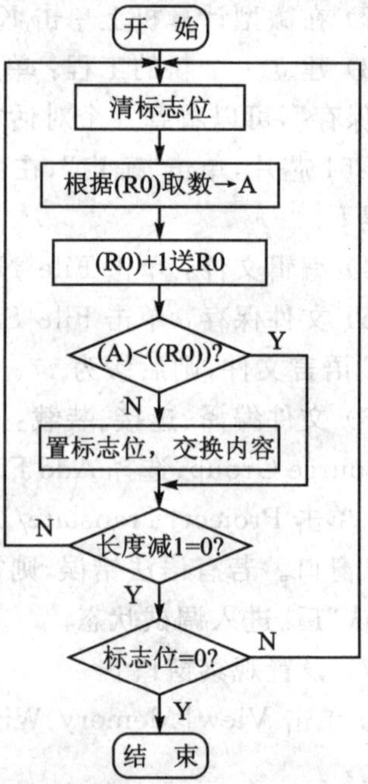

图 3.1 数据排序子程序流程图

六、程序清单

冒泡排序法排序实验采用汇编语言源程序和 C 语言源程序两种方法编写。

1. 汇编语言源程序

```
ORG    0000H         ;程序从 0000H 开始存放
```

```
        MOV    50H,#03H         ;加载数据
        MOV    51H,#01H
        MOV    52H,#04H
        MOV    53H,#02H
        MOV    54H,#05H
        MOV    R3,#50H          ;数据起始地址送 R3
LOOP0:
        MOV    A,R3
        MOV    R0,A             ;指针送 R0
        MOV    R7,#04H          ;长度送计数器 R7
        CLR    00H              ;标志位为 0
        MOV    A,@R0            ;取第一个数到 A 中
LOOP1:
        INC    R0               ;指针加 1 指向第二个数
        MOV    R2,A             ;第一个数暂存到 R2 中
        CLR    C                ;清 C
        MOV    22H,@R0          ;第二个数送到 22H 中
        CJNE   A,22H,LOOP2      ;比较第一和第二个数,相等吗
        SETB   C                ;相等,将 C 置 1
LOOP2:
        MOV    A,R2
        JC     LOOP3            ;小于或等于不交换
        SETB   00H              ;大于交换位置
        XCH    A,@R0
        DEC    R0
        XCH    A,@R0
        INC    R0
LOOP3:
        MOV    A,@R0
        DJNZ   R7,LOOP1
        JB     00H,LOOP0        ;一次循环中有交换继续
        MOV    R0,50H           ;将排好的数据送内部寄存器观察是否正确
        MOV    R1,51H
        MOV    R2,52H
        MOV    R3,53H
        MOV    R4,54H
LOOP:
        SJMP   LOOP             ;无交换退出
        END
```

2. 语言源程序

```
//在“Watch & Call Stack Windows”窗口中观察排序结果

#include <absacc.h>
#define NUMBER_LENGTH 10
unsigned char i,j;
unsigned char Temp;
unsigned char Sequence[] = {
    0x00,0x02,0x05,0x08,0x04,
    0x06,0x0a,0x0c,0x09,0x0d
    };
void main()
{
    while(1)
    {
        for(i=0;i<NUMBER_LENGTH;i++)
        {
            for(j=0;j<NUMBER_LENGTH-1-i;j++)
            {
                if(Sequence[j]>Sequence[j+1])
                {
                    Temp = Sequence[j+1];
                    Sequence[j+1] = Sequence[j];
                    Sequence[j] = Temp;
                };
            };
        };
    };
}
```

3.2 P1 口输入输出实验

一、实验目的

(1) 学会运用 8051 单片机的 P1 口作为通用 I/O 口。
(2) 掌握 8051 单片机 P1 口的物理结构。
(3) 理解读引脚和读锁存器的区别。

二、实验内容

(1) 编写程序以实现当 P1.3 为低电平时,发光二极管亮;P1.3 为高电平时,发光二极管灭。

(2) 修改程序在执行读 P1.3 之前,先执行 CLR P1.3,观察结果是否正确,分析在第二种情况下程序为什么不能正确执行,理解读引脚和读锁存器的区别。

三、实验设备与器材

(1) 超想-3000TB 综合实验仪	1 台
(2) Keil C 超级仿真器	1 台
(3) 连线	若干根
(4) 计算机(装有 Keil μVision 2 平台)	1 台

四、实验原理

由 8051 组成的单片机系统在通常情况下,P0 口分时复用作地址、数据总线,P2 口提供 A15～A8 即高 8 位地址,P3 口用作第二功能,只有 P1 口通常用作 I/O 口。P1 口是 8 位准双向口,它的每一位都可独立地定义为输入或输出,因此既可作为 8 位的并行 I/O 口,也可作为 8 位的输入输出端。当工作在输入方式时,对应位的锁存器必须先置 1,才能正确地读到引脚上的信号;否则,执行读引脚指令时,若对应位的锁存器的值为 0,读的结果永远为 0。每个I/O 端口都有两种读入,即读锁存器和读引脚,读引脚指令一般都是以 I/O 端口为源操作数的指令,如 MOV C,P1.3,而读锁存器指令一般为"读—修改—写"指令,如 ANL P1.3,C 指令,同学们在实验中可以体会。

五、实验接线图

图 3.2 为 P1 口的输入输出实验接线图。图中,P1.2 为输出口,P1.3 为输入口。"总线插孔"框中,P1.2 孔连"发光二极管组"的 L0 孔,P1.3 孔连"开关量发生器"的 K0 孔。

六、程序框图

图 3.3 为 P1 口判断程序框图。

七、程序清单

P1 口输入输出实验采用汇编语言和 C 语言两种方法编写。

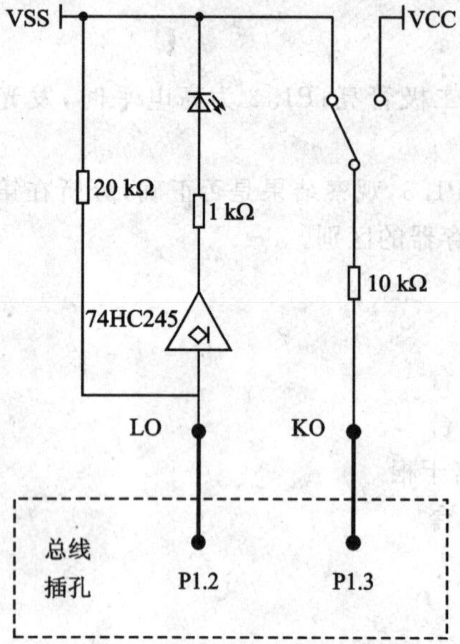

图 3.2 P1 口的输入输出实验接线图

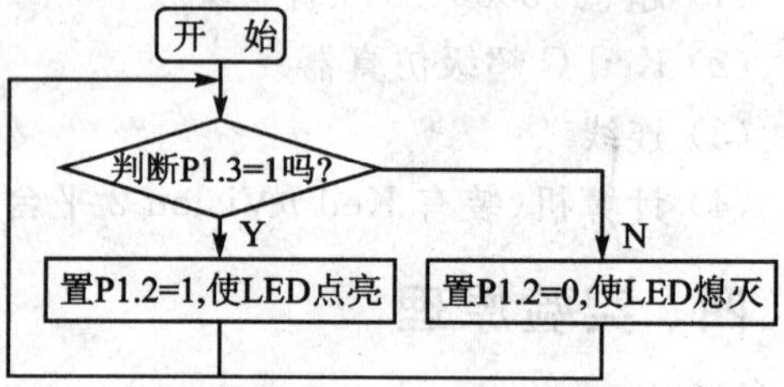

图 3.3 P1 口判断程序框图

1. 汇编语言源程序

```
        ORG     0000H
        SETB    P1.3            ;先向 P1.3 口送 1
DD1:
        JB      P1.3,DD         ;判断 P1.3 口的电平
        CLR     P1.2            ;灭灯
DD2:
        CALL    DELY
        SJMP    DD1
DD:
        SETB    P1.2            ;点亮
        SJMP    DD2
DELY:
        MOV     R6,#00H         ;延时子程序
DELY1:
        MOV     R7,#00H
DELY2:
        DJNZ    R7,DELY2
        DJNZ    R6,DELY1
```

```
        RET
        END
```

2. C 语言源程序

```
#include <reg51.h>
sbit    P12 = P1^2;
sbit    P13 = P1^3;
main()
{
    P13 = 1;    //P1.3 先置 1
    if(P13)
    {
        P12 = 1;
    }
    else
    {
        P12 = 0;
    };
}
```

3.3　P3.0 口输入、P1 口输出实验

一、实验目的

掌握 P3.0 口和 P1 口的简单使用。

二、实验内容

P3.0 口输入一脉冲，控制 P1 口按十六进制加一方式点亮发光二极管。P3.0 孔用连线连至 K0，P1.0～P1.7 孔分别连至 L0～L7，K0 拨动一次，L0～L7 发光二极管按十六进制方式加一闪亮。

三、实验设备与器材

(1) 超想-3000TB 综合实验仪　　1 台

(2) Keil C 超级仿真器　　1 台

(3) 连线　　若干根

(4) 计算机　　　　　　　　　1 台

四、实验原理

单片机 8051 的 P1 口是一个准双向口,通常作通用 I/O 口使用,电路结构比 P0 口简单。当 P1 口作为输出口使用时,能向外提供推拉电流,无须外接上拉电阻。当 P1 口作为输入口使用时,需要向锁存器写入"1",使输出电路 FET 截止。P3 口是一个双功能口,也是一个准双向口,既可以作为通用 I/O 口使用,又具有第二功能。P3 口作为通用 I/O 口使用时,第二功能被屏蔽。当 P3 口中某些口作为第二功能使用时,就不能再作为通用 I/O 口使用了。其他未使用的口仍可作为通用 I/O 口使用。

P3 口作为通用 I/O 口使用时,读引脚时应先向锁存器中写"1",读锁存器时可直接读。

五、实验接线图

图 3.4 为 P3.0 输入、P1 口输出实验实线图。

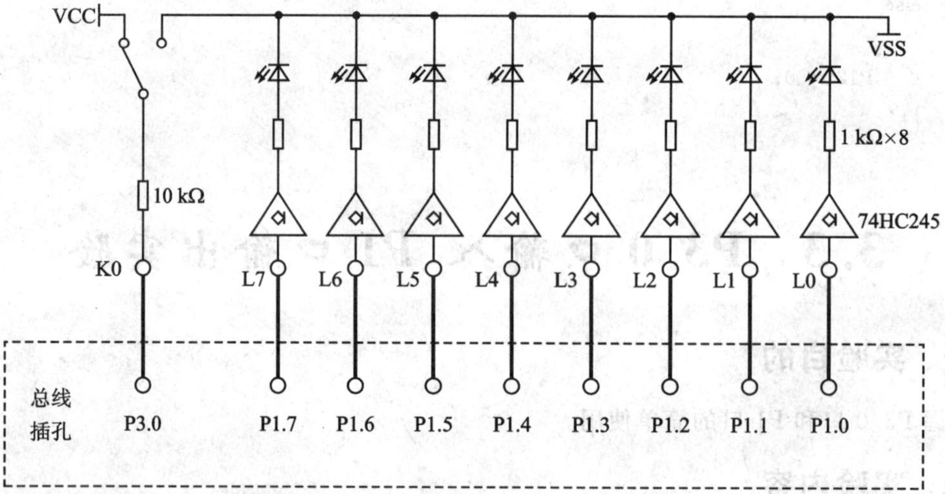

图 3.4　P3.0 输入、P1 口输出实验接线图

六、程序框图

图 3.5 为判断 P3.0 输入、P1 口输出程序框图。

七、程序清单

1. 汇编语言源程序

```
        ORG     0000H
        LJMP    MAIN
        ORG     100H
MAIN:
        MOV     P1,#0           ;P1 口清零
        SETB    P3.0            ;P3.0 送 1
XX:
        JB      P3.0,$          ;P3.0=1 等待
        LCALL   DELAY           ;延时
        JB      P3.0,XX         ;P3.0=1 吗
XX2:
        JNB     P3.0,$          ;P3.0=0 等待
        LCALL   DELAY           ;延时
        JNB     P3.0,XX2        ;P3.0=0 吗
        INC     P1              ;P1 加 1
        SJMP    XX              ;等待 P3.0 口的输入
DELAY:
        MOV     R2,#240
LP0:
        MOV     R3,#240
LP1:
        NOP
        DJNZ    R3,LP1
        DJNZ    R2,LP0
        RET                     ;延时子程序
        END
```

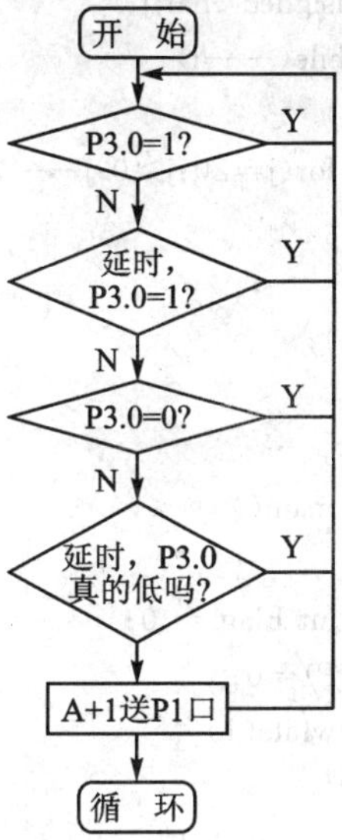

图 3.5 判断 P3 口输入、P1 口输出程序框图

2. C 语言程序

```
#include <reg51.h>
sbit P30 = P3^0;
unsigned char  a;
void Delay()                          //延时程序
{
  unsigned char i=0;
```

```
    unsigned char j;
    while(--i)
    {
      for(j=20;j>0;j--)
      {
          ;
      };
    };
}
void main()
{
      int Flag = 0;                    //Flag 为脉冲信号标志,由 1-0 为脉冲信号
      P1=0;                            //清 P1 口
      while(1)
      {
          if(! Flag)
          {
              P30 = 1;
              while(P30)
              {
                  ;
              };
              Delay();
              P30 = 1;
              if(P30)
              {                        //判断按键是否按下
                  Flag = 0;
              }
              else
              {
                  Flag = 1;
              };
          }
          else                         //Flag = 1
          {
              P30 = 1;
              while(! P30)
              {
                  ;
```

```
            };
            Delay();
            P30 = 1;
            if(! P30)
            {                    //P3.0 为低,按键还没放开
                Flag = 1;
            }
            else
            {                    //P3.0 为高,按键放开
                Flag= 0 ;
                if(a+1>255)
                {
                    a= 0;
                    P1 = a;
                }
                else
                {
                    a+=1;
                    P1 = a;
                };
            };
        };
    };
}
```

3.4 八段数码管显示实验

一、实验目的

(1) 了解数码管动态显示的原理。

(2) 掌握 74LS164 扩展端口的方法。

二、实验内容

利用实验仪提供的显示电路,动态显示一行数据。

三、实验设备与器材

(1) 超想-3000TB 综合实验仪　　　　1 台

(2) Keil C 超级仿真器　　　　1 台

(3) 计算机　　　　1 台

四、实验原理

(1) 本实验仪提供了八段数码 LED 显示电路，做实验时只要按地址输出相应数据，就可以实现对显示器的控制。显示器共有 6 位，用动态方式显示。八段数码是由 8155 的 PB0、PB1 口经 74LS164“串转并”后输出得到。6 位位码由 8155 的 PA0 口输出，经 μA2003 反向驱动后，输出到相应显示位。

74LS164 是串行输入并行输出转换器(8 位移位寄存器)，其逻辑及封装如图 3.6 所示。

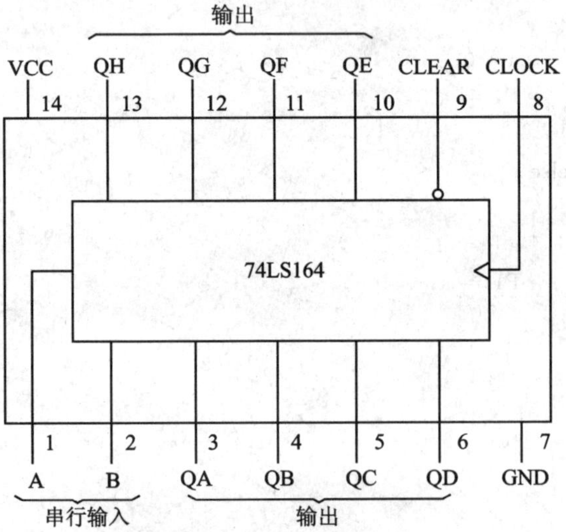

图 3.6　74LS164 逻辑与封装图

当清除端(CLEAR)为低电平时，输出端(QA～QH)均为低电平。串行数据输入端(A,B)可控制数据的输入及移位。当 A、B 任意一个为低电平，则禁止新数据输入，在时钟端(CLOCK)脉冲上升沿作用下 QA～QH 均为低电平。当 A、B 中有一个为高电平，则另一个就允许输入数据，并在 CLOCK 上升沿作用下决定 QA～QH 的输出状态。

引出端符号：CLOCK 时钟输入端；CLEAR 同步清除输入端(低电平有效)；A,B 串行数据输入端；QA～QH 输出端。

对于 74LS164 串行输入并行输出转换器，其串行输入的数据位由 8155 的 PB0 控制，时钟位由 8155 的 PB1 控制输出。写程序时，只要向数据位地址输出数据，然后向时钟位地址输出一高一低两个电平就可以将数据位置入到 74LS164 中。每向数据位地址输出一位数据，就要相应地向时钟位地址输出一脉冲，来实现数据移位。向显示位选通地址输出高电平就可以点亮相应的显示位。

实验仪中数据位输出地址为 0e102H(PB 口地址)，时钟位输出地址为 0e102H(PB 口地址)，位选通输出地址为 0e101H(PA 口地址)。

本实验涉及 8155 IO/RAM 扩展芯片的工作原理以及 74LS164 串行输入并行输出转换器(8 位移位寄存器)的工作原理。

(2) 七段数码管的字型如图 3.7 所示，字型和字型的代码如表 3.1 所列。

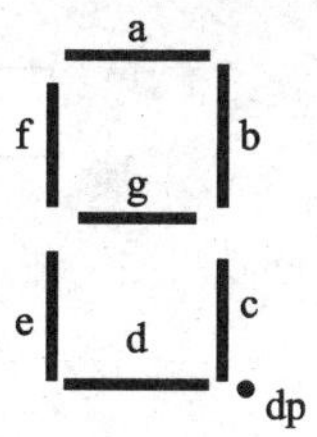

图 3.7　七段数码管字型结构

表 3.1　七段数码管字型代码

显示字型	g	f	e	d	c	b	a	段　码
0	0	1	1	1	1	1	1	3fH
1	0	0	0	0	1	1	0	06H
2	1	0	1	1	0	1	1	5bH
3	1	0	0	1	1	1	1	4fH
4	1	1	0	0	1	1	0	66H
5	1	1	0	1	1	0	1	6dH
6	1	1	1	1	1	0	1	7dH
7	0	0	0	0	1	1	1	07H
8	1	1	1	1	1	1	1	7fH
9	1	1	0	1	1	1	1	6fH
A	1	1	1	0	1	1	1	77H
b	1	1	1	1	1	0	0	7cH
C	0	1	1	1	0	0	1	39H
d	1	0	1	1	1	1	0	5eH
E	1	1	1	1	0	0	1	79H
F	1	1	1	0	0	0	1	71H

五、实验接线图

八段数码 LED 与 74LS164 串行输入并行输出转换器及 μA2003 反向驱动器的实验连接如图 3.8 所示。

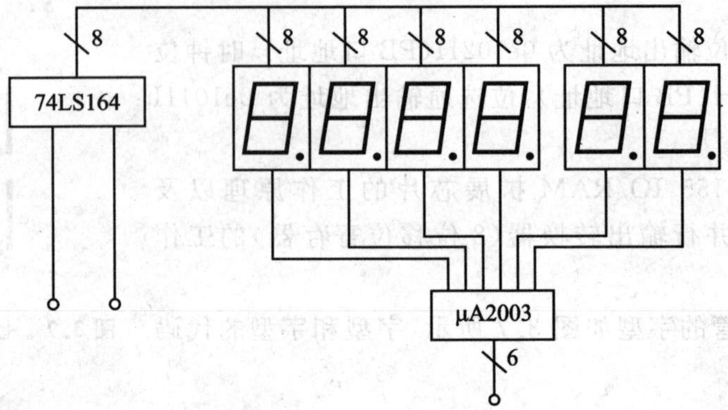

图 3.8 八段数码显示器与 74LS164 实验接线图

六、程序框图

图 3.9 为八段数码管显示的流程图。

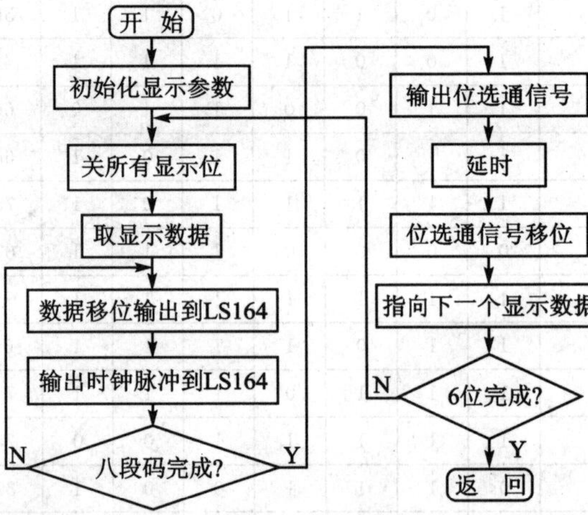

图 3.9 八段数码管显示流程

七、程序清单

八段数码管显示程序采用汇编语言和 C 语言编程。

1. 汇编语言源程序

```
OUTBIT    EQU 0E101H        ;位控制口
CLK164    EQU 0E102H        ;段控制口(接 74LS164 时钟位)
DAT164    EQU 0E102H        ;段控制口(接 74LS164 数据位)
IN        EQU 0E103H        ;键盘读入口
```

```
            LEDBUF      EQU   60H                  ;显示缓冲
            NUM         EQU   70H                  ;显示的数据
            DELAYT      EQU   75H
            ORG         0000H
            LJMP        START
LEDMAP:                                            ;八段数码管显示码
            DB    3FH, 06H, 5BH, 4FH, 66H, 6DH, 7DH, 07H
            DB    7FH, 6FH, 77H, 7CH, 39H, 5EH, 79H, 71H
DELAY:                                             ;延时子程序
            MOV         R7, #0
DELAYLOOP:
            DJNZ        R7, DELAYLOOP
            DJNZ        R6, DELAYLOOP
            RET
DISPLAYLED:
            MOV         R0, #LEDBUF
            MOV         R1, #6                     ;共 6 个八段数码管
            MOV         R2, #00100000B             ;从左边开始显示
LOOP:
            MOV         DPTR, #OUTBIT
            MOV         A, #00H
            MOVX        @DPTR, A                   ;关所有八段数码管
            MOV         A, @R0
            MOV         B, #8                      ;送 74LS164
DLP:
            RLC         A
            MOV         R3, A
            MOV         ACC.0, C
            ANL         A, #0FDH
            MOV         DPTR, #DAT164
            MOVX        @DPTR, A
            MOV         DPTR, #CLK164
            ORL         A, #02H
            MOVX        @DPTR, A
            ANL         A, #0FDH
            MOVX        @DPTR, A
            MOV         A, R3
            DJNZ        B, DLP
            MOV         DPTR, #OUTBIT
            MOV         A, R2
            MOVX        @DPTR, A                   ;显示一位八段数码管
            MOV         R6, #1
```

```
        CALL    DELAY
        MOV     A, R2                   ;显示下一位
        RR      A
        MOV     R2, A
        INC     R0
        DJNZ    R1, LOOP
        MOV     DPTR, #OUTBIT
        MOV     A, #0
        MOVX    @DPTR, A                ;关所有八段数码管
        RET
START:
        MOV     DPTR,#0E100H
        MOV     A,#03H
        MOVX    @DPTR,A
        MOV     SP, #40H
        MOV     NUM, #0
MLOOP:
        INC     NUM
        MOV     A, NUM
        MOV     B, A
        MOV     R0, #LEDBUF
FILLBUF:
        MOV     A, B
        ANL     A, #0FH
        MOV     DPTR, #LEDMAP
        MOVC    A, @A+DPTR              ;数字转换成显示码
        MOV     @R0,A                   ;显示在码填入显示缓冲
        INC     R0
        INC     B
        CJNE    R0, #LEDBUF+6, FILLBUF
        MOV     DELAYT,#30
DISPAGAIN:
        CALL    DISPLAYLED              ;显示
        DJNZ    DELAYT,DISPAGAIN
        LJMP    MLOOP
        END
```

2. C 语言源程序

```
#include<absacc.h>
#define LEDLEN     6
#define MODE       0x03
```

```
#define CADDR      XBYTE[0xe100]          //8155 控制字地址
#define BITCon     XBYTE[0xe101]          //八段数码管位控制口
#define CLK164     XBYTE[0xe102]          //八段数码管段控制口(接 74LS164 时钟位)
#define DAT164     XBYTE[0xe102]          //八段数码管段控制口(接 74LS164 数据位)
unsigned char LEDBuf[LEDLEN];             //显示缓冲
code unsigned char LEDCode[] = {          //八段数码管显示码
      0x3f, 0x06, 0x5b, 0x4f, 0x66, 0x6d, 0x7d, 0x07,
      0x7f, 0x6f, 0x77, 0x7c, 0x39, 0x5e, 0x79, 0x71
};
void Delay(unsigned char d)
{
      unsigned char i;
      while (d-- ! =0)
      {
        for (i=100;i >0;i--);
      };
}
void DisplayLED()
{
      unsigned char i, j;
      unsigned char BitC;
      unsigned char LED;
      BitC = 0x20;                        //从左边开始显示
      for (i = 0;i < LEDLEN;i++)
      {
        BITCon = 0;                       //关所有八段数码管
        LED = LEDBuf[i];
        for (j = 0;j < 8;j++)
        {                                 //段码送 74LS164
          if (LED & 0x80)
          {
              DAT164 = 1;
          }
          else
          {
              DAT164 = 0;
          };
          CLK164 = CLK164|0x02;           //PB1 口输出高电平
          CLK164 = CLK164&0xfd;           //PB1 口输出低电平
          LED <<= 1;                      //段码左移
        };
```

```
        BITCon = BitC;                    //输出位控制信号,显示一位八段数码管
        Delay(1);
        BitC >>= 1;                       //显示下一位
    };
    BITCon = 0;                           //关所有八段数码管
}
void main()
{
    unsigned char i = 0;
    unsigned char j;
    CADDR = MODE;                         //设置 8155PA、PB 口为输出方式
    while(1)
    {
      LEDBuf[0] = LEDCode[ i      & 0x0f];
      LEDBuf[1] = LEDCode[(i+1) & 0x0f];
      LEDBuf[2] = LEDCode[(i+2) & 0x0f];
      LEDBuf[3] = LEDCode[(i+3) & 0x0f];
      LEDBuf[4] = LEDCode[(i+4) & 0x0f];
      LEDBuf[5] = LEDCode[(i+5) & 0x0f];
      i++;
      for(j=0;j<30;j++)                   //延时
      {
        DisplayLED();                     //显示
      };
    };
}
```

3.5 键盘扫描显示实验

一、实验目的

(1) 掌握键盘扫描和 LED 八段码显示器的工作原理。

(2) 掌握键盘和显示器的接口方法和编程方法。

二、实验内容

在八段数码管显示实验的基础上,利用实验仪提供的键盘扫描电路和显示电路,做一个键盘扫描和数码显示实验,把按键输入的键码在六位数码管上显示出来。

为了便于阅读及理解,实验程序可分成 3 个模块:

(1) 按键输入模块　扫描键盘、读取一次键盘并将键值存入键值缓冲单元。

(2) 显示模块　将显示单元的内容在显示器上动态显示。

(3) 主程序　调用按键输入模块和显示模块。

三、实验设备与器材

(1) 超想-3000TB 综合实验仪　　1 台

(2) Keil C 超级仿真器　　1 台

(3) 计算机　　1 台

四、实验原理

在本实验中用到了实验仪上的 8155 键显模块，如图 3.10 所示。

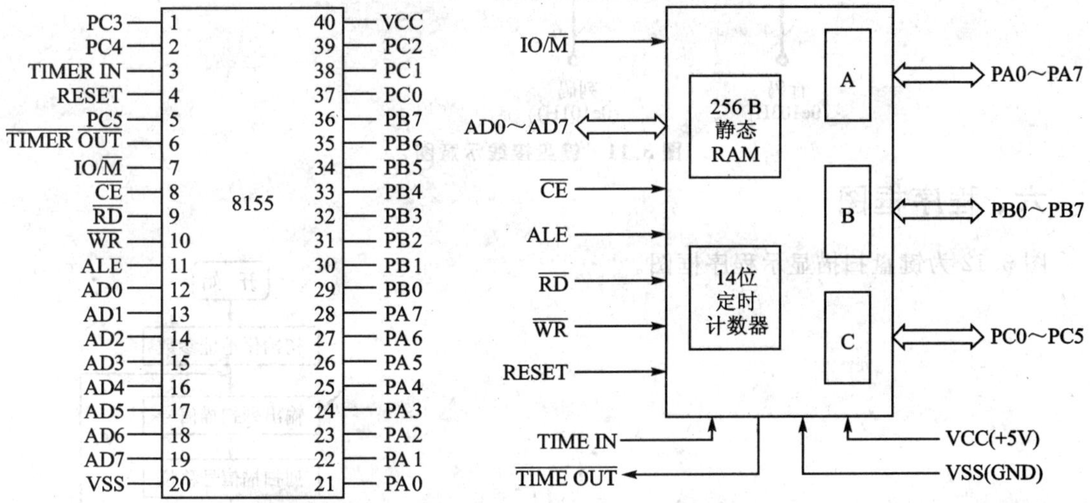

图 3.10　8155 芯片的引脚及结构框图

(1) 8155 简介　8155 是专用的 I/O 接口芯片，是单片机系统最常用的接口芯片之一，掌握其性能与作用方法非常重要。本实验仪采用 8155 芯片，扩展了两个输出口、一个输入口，实现了键盘输入和八段数码管输出的功能。

(2) 本实验仪提供了一个 6×4 的小键盘，向列扫描码地址(0e101H)逐列输出低电平，然后从行码地址(0e103H)读回。如果有键按下，则相应的行值应为低；如果无键按下，由于上拉电阻的作用，行码为高。这样就可以通过输出的列码和读取的行码来判断按下的是什么键。在判断有键按下后，要有一定的延时，用于防止键盘抖动。列扫描码还可以分时用作 LED 的位选通信号。

五、实验接线图

图 3.11 为键盘示意图。

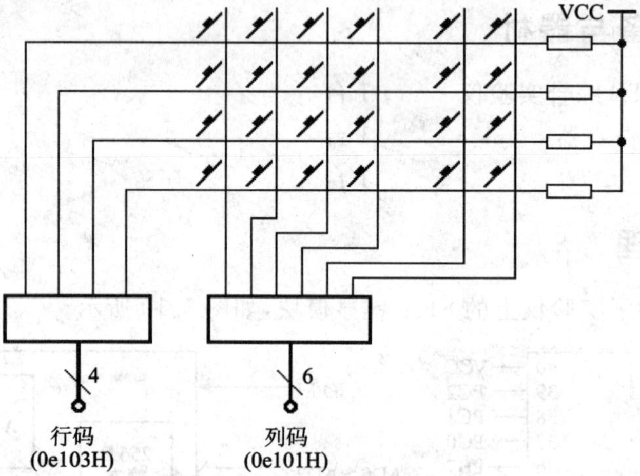

图 3.11 键盘接线示意图

六、程序框图

图 3.12 为键盘扫描显示程序框图。

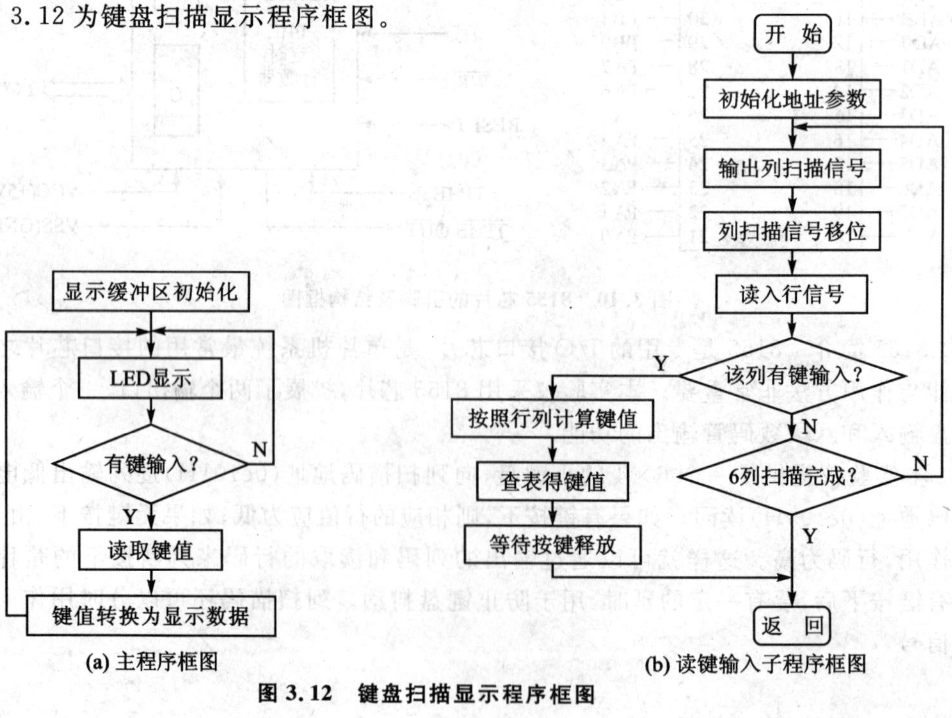

图 3.12 键盘扫描显示程序框图

七、程序清单

键盘扫描显示实验采用汇编语言与 C 语言两种方法编写。

1. 汇编语言源程序

```
            OUTBIT      EQU    0E101H        ;位控制口
            CLK164      EQU    0E102H        ;段控制口(接 74LS164 时钟位)
            DAT164      EQU    0E102H        ;段控制口(接 74LS164 数据位)
            IN          EQU    0E103H        ;键盘读入口
            LEDBUF      EQU    60H           ;显示缓冲
            LJMP        START
LEDMAP:                                      ;八段数码管显示码
            DB          3FH, 06H, 5BH, 4FH, 66H, 6DH, 7DH, 07H
            DB          7FH, 6FH, 77H, 7CH, 39H, 5EH, 79H, 71H
            DB          00H
DELAY:                                  ;延时子程序
            MOV         R7, #0
DELAYLOOP:
            DJNZ        R7, DELAYLOOP
            DJNZ        R6, DELAYLOOP
            RET
DISPLAYLED:
            MOV         R0, #LEDBUF
            MOV         R1, #6                   ;共 6 个八段数码管
            MOV         R2, #00100000B           ;从左边开始显示
LOOP:
            MOV         DPTR, #OUTBIT
            MOV         A, #0
            MOVX        @DPTR, A                 ;关所有八段数码管
            MOV         A, @R0
            MOV         B, #8                    ;送 74LS164
DLP:
            RLC         A
            MOV         R3, A
            MOV         ACC.0, C
            MOV         DPTR, #DAT164
            ANL         A, #0FDH
            MOVX        @DPTR, A
            MOV         DPTR, #CLK164
```

```
        ORL         A，#02H
        MOVX        @DPTR，A
        ANL         A，#0FDH
        MOVX        @DPTR，A
        MOV         A，R3
        DJNZ        B，DLP
        MOV         DPTR，#OUTBIT
        MOV         A，R2
        MOVX        @DPTR，A              ;显示一位八段数码管
        MOV         R6，#1
        CALL        DELAY
        MOV         A，R2                 ;显示下一位
        RR          A
        MOV         R2，A
        INC         R0
        DJNZ        R1，LOOP
        RET
TESTKEY：
        MOV         DPTR，#OUTBIT
        MOV         A，#0
        MOVX        @DPTR，A              ;输出线置为0
        MOV         DPTR，#IN
        MOVX        A，@DPTR              ;读入键状态
        CPL         A
        ANL         A，#0FH               ;高四位不用
        RET
KEYTABLE：                                ;数字键码定义
        DB          00H，01H，04H，07H
        DB          0FH，02H，05H，08H
        DB          0EH，03H，06H，09H
        DB          0DH，0CH，0BH，0AH
        DB          10H,10H,10H,10H,10H
        DB          10H,10H,10H,10H,10H
GETKEY：
        MOV         DPTR，#OUTBIT
        MOV         P2，DPH
        MOV         R0，#LOW(IN)
        MOV         R1，#00100000B
        MOV         R2，#6
```

```
KLOOP:
        MOV     A, R1               ;找出键所在列
        CPL     A
        MOVX    @DPTR, A
        CPL     A
        RR      A
        MOV     R1, A               ;下一列
        MOVX    A, @R0
        CPL     A
        ANL     A, #0FH
        JNZ     GOON1               ;该列有键入
        DJNZ    R2, KLOOP
        MOV     R2, #0FFH           ;没有键按下，返回 0FFH
        SJMP    EXIT
GOON1:
        MOV     R1, A               ;键值 = 列 * 4 + 行
        MOV     A, R2
        DEC     A
        RL      A
        RL      A
        MOV     R2, A               ;R2 = (R2-1) * 4
        MOV     A, R1               ;R1 中为读入的行值
        MOV     R1, #4
LOOPC:
        RRC     A                   ;移位找出所在行
        JC      EXIT
        INC     R2                  ;R2 = R2+ 行值
        DJNZ    R1, LOOPC
EXIT:
        MOV     A, R2               ;取出键码
        MOV     DPTR, #KEYTABLE
        MOVC    A, @A+DPTR
        MOV     R2, A
WAITRELEASE:
        MOV     DPTR, #OUTBIT       ;等键释放
        CLR     A
        MOVX    @DPTR, A
        MOV     R6, #10
        CALL    DELAY
```

```
        CALL    TESTKEY
        JNZ     WAITRELEASE
        MOV     A, R2
        RET
START:
        MOV     SP, #40H
        MOV     DPTR, #0E100H
        MOV     A, #03H
        MOVX    @DPTR, A
        MOV     LEDBUF, #0FFH           ;显示 8.8.8.8.
        MOV     LEDBUF+1, #0FFH
        MOV     LEDBUF+2, #0FFH
        MOV     LEDBUF+3, #0FFH
        MOV     LEDBUF+4, #0
        MOV     LEDBUF+5, #0
MLOOP:
        CALL    DISPLAYLED              ;显示
        CALL    TESTKEY                 ;有键入
        JZ      MLOOP                   ;无键入，继续显示
        CALL    GETKEY                  ;读入键码
        ANL     A, #1FH                 ;显示键码
        MOV     DPTR, #LEDMAP
        MOVC    A, @A+DPTR
        MOV     LEDBUF+5, A
        LJMP    MLOOP
        NOP
        END
```

2. C 语言源程序

```
#include<absacc.h>
#define LEDLEN    6
#define MODE      0x03
#define CADDR     XBYTE[0xe100]       //8155 控制字地址
#define BITCON    XBYTE[0xe101]       //八段数码管位控制口
#define CLK164    XBYTE[0xe102]       //八段数码管段控制口(接 74LS164 时钟位)
#define DAT164    XBYTE[0xe102]       //八段数码管段控制口(接 74LS164 数据位)
#define KEYIN     XBYTE[0xe103]       //键盘读入口
unsigned char LEDBuf[LEDLEN];         //显示缓冲
code unsigned char LEDCode[] = {      //八段数码管显示码
```

```
        0x3f, 0x06, 0x5b, 0x4f, 0x66, 0x6d, 0x7d, 0x07,
        0x7f, 0x6f, 0x77, 0x7c, 0x39, 0x5e, 0x79, 0x71
};
void Delay(unsigned char d)
{
        unsigned char i;
        while (d-- ! =0)
        {
          for (i=100;i >0;i--);
        };
}
void DisplayLED()
{
        unsigned char i, j;
        unsigned char BitC;
        unsigned char LED;
        BitC = 0x20;                          //从左边开始显示
        for (i = 0;i < LEDLEN;i++)
        {
            BITCON = 0;                       //关所有八段数码管
            LED = LEDBuf[i];
            for (j = 0;j < 8;j++)
            {
                if (LED & 0x80)
                 {
                   DAT164 = 1;                //段码送 74LS164
                 }
                else
                 {
                   DAT164 = 0;
                 };
                CLK164 = CLK164|0x02;         //PB1 口输出高电平
                CLK164 = CLK164&0xfd;         //PB1 口输出低电平
                LED <<= 1;                    //段码左移
             };
             BITCON = BitC;                   //输出位控制信号,显示一位八段数码管
             Delay(1);
             BitC >>= 1;                      //显示下一位
        };
```

```
}
code unsigned char KeyTable[] = {                //键码定义
              0x00, 0x01, 0x04, 0x07 ,
              0x0f, 0x02, 0x05, 0x08,
              0x0e, 0x03, 0x06, 0x09 ,
              0x0d, 0x0c, 0x0b, 0x0a ,
              0x10,0x11,0x12,0x13,0x14,
              0x15,0x16,
};
unsigned char MoniKey()                          //监测键盘有无按键按下
{
    BITCON = 0;                                  //输出线置为 0
    return (~KEYIN & 0x0f);                      //读入键状态（高四位不用）
}
unsigned char GetKey()
{
      unsigned char GetNum;
      unsigned char i;
      unsigned char k;
      i = 6;
      GetNum = 0x20;                             //找出键所在列
      do
      {
          BITCON= ~ GetNum;
          GetNum >>= 1;
          k = ~KEYIN& 0x0f;
      } while ((--i ! = 0) && (k == 0));
      if (k ! = 0)
      {
            i = i * 4;                           //第 0 行,键值 =列×4 + 0
            if (k & 2)
                i = i+1;                         //第 1 行,键值 =列× 4 + 1
            else if (k & 4)
                i = i+2;                         //第 2 行,键值 =列× 4 + 2
            else if (k & 8)
                i = i+3;                         //第 3 行,键值 =列× 4 + 3
            BITCON= 0;
            do
            {
```

```
            Delay(10);
        }while (MoniKey());                   //等键释放
        return(KeyTable[i]);                  //取出键码
    }
    else
    {
        return(0xff);                         //无按键按下返回 0xff
    };
}
void main()
{
    CADDR      = MODE;                        //设置 8155PA、PB、PC 口工作模式
    LEDBuf[0]  = 0xff;
    LEDBuf[1]  = 0xff;
    LEDBuf[2]  = 0xff;
    LEDBuf[3]  = 0xff;
    LEDBuf[4]  = 0x00;
    LEDBuf[5]  = 0x00;
    while (1)
    {
        DisplayLED();
        if (MoniKey())
        {
            LEDBuf[5] = LEDCode[GetKey() & 0x0f];
        };
    };
}
```

3.6 A/D 转换实验

一、实验目的

(1) 掌握 A/D 转换芯片与单片机接口的方法。

(2) 了解 A/D 转换芯片 ADC0809 转换性能及编程方法。

二、实验内容

利用综合实验仪上的 ADC0809 做 A/D 转换器时，综合实验仪上的电位器提供模拟量输

入;编写程序,将模拟量转换成数字量,通过 8155 键显区数码管显示出来。

三、实验设备与器材

(1) 超想-3000TB 综合实验仪	1 台
(2) Keil C 超级仿真器	1 台
(3) 连线	若干根
(4) 计算机	1 台

四、实验原理

1. A/D 转换器概述

A/D 转换器的功能主要是将输入的模拟信号转换成数字信号,如电压、电流和温度测量等都属于这种转换。按转换原理可分为 4 种,即计数式 A/D 转换器、双积分式 A/D 转换器、逐次逼近式 A/D 转换器和并行式 A/D 转换器。

目前最常用的是双积分式 A/D 转换器和逐次逼近式 A/D 转换器。双积分式 A/D 转换器的主要优点是转换精度高、抗干扰性能好、价格便宜。其缺点是转换速度较慢。因此,这种转换器主要用于速度要求不高的场合。

而逐次逼近式 A/D 转换器是一种速度较快,精度较高的转换器,其转换时间大约在几微秒(μs)到几百微秒(μs)之间。通常使用的逐次逼近式典型 A/D 转换器芯片有:

(1) ADC0801～ADC0805 型 8 位 MOS 型 A/D 转换器(美国国家半导体公司产品)。

(2) ADC0808/0809 型 8 位 MOS 型 A/D 转换器。

(3) ADC0816/0817。该类产品除了输入通道数增加至 16 个以外,其他性能与 ADC0808/0809 型基本相同。

本实验中采用的转换器为 ADC0809,下面介绍其结构与功能。

2. A/D 转换器芯片 ADC0809

ADC0809 是典型的 8 位 8 通道逐次逼近式 A/D 转换器,CMOS 工艺。可以对 8 个模拟量进行转换,转换时间为 100 μs。

图 3.13 所示为 ADC0809 内部逻辑结构。如图所示,多路开关可选通 8 个模拟通道,允许 8 路模拟量分时输入,共用一个 A/D 转换器进行转换。地址锁存与译码电路完成对 A、B、C 三个地址位进行锁存和译码,其译码输出用于通道选择。表 3.2 给出了 ADC0809 中 8 个通道的选择。

8 位 A/D 转换器是逐次逼近式,由控制与时序电路、逐次逼近寄存器、树状开关以及 256R 电阻阶梯网络等组成。输出锁存器用于存放和输出转换得到的数字量。

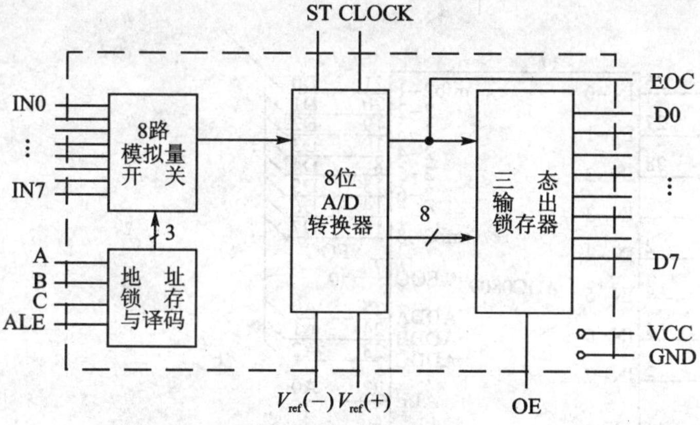

图 3.13　ADC0809 内部结构

表 3.2　ADC0809 通道选择

通道选择表			
C	B	A	选择的通道
0	0	0	INT0
0	0	1	INT1
0	1	0	INT2
0	1	1	INT3
1	0	0	INT4
1	0	1	INT5
1	1	0	INT6
1	1	1	INT7

ADC0809 具体的工作过程如下：首先由地址锁存信号 ALE 的上升沿将引脚 ADDA、ADDB 和 ADDC 上的信号锁存到地址寄存器内，用以选择模拟量输入通道；START 信号的下降沿启动 A/D 转换器开始工作；当转换结束时，ADC0809 使 EOC 引脚由低电平变成高电平，程序可以通过查询的方式读取转换结果，也可以通过中断方式读取结果。CLOCK 为转换时钟输入端，频率为 100 kHz～1.2 MHz，推荐值为 640 kHz。

五、实验接线图

图 3.14 为 A/D 转换器实验接线图。

六、实验步骤

(1) 设定仿真模式：设定仿真模式为程序空间在仿真器上、数据空间在用户板上，即单击“设置”下的“仿真模式”，在 RAM 区选中用户 RAM，ROM 区选中系统 ROM(注：本书中的实验除另行说明外，均与此相同)。把 ADC0809 的零通道 INO 孔用连线接至模拟信号发生器的 V_{in}孔，ADC0809 的片选信号 CS09 孔接“译码器”YC2(0A000～0AFFFH)孔，“脉冲源”中的 0.5 MHz孔连 ADC0809 的 CLOCK 孔。

(2) 硬件诊断：调整综合实验仪上模拟信号发生器的电位器，使输入到 ADC0809 的 IN0 上电压为一定值。

(3) 编写程序并编译通过：本程序使用查询的方式读取转换结果。在读取转换结果的指令后设置断点，运行程序，并在断点处检查和读出 A/D 转换结果，看数据是否与 V_{in}相对应。修改程序中错误，使数码管的显示值随 V_{in}变化而变化。

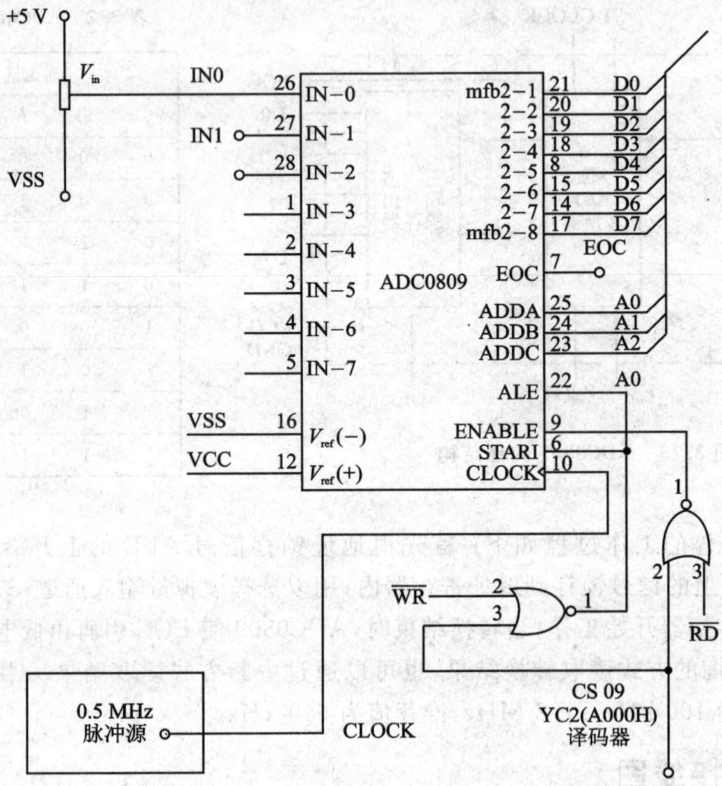

图 3.14 A/D 转换器实验接线图

七、程序框图

图 3.15 为 A/D 转换器的工作流程图。

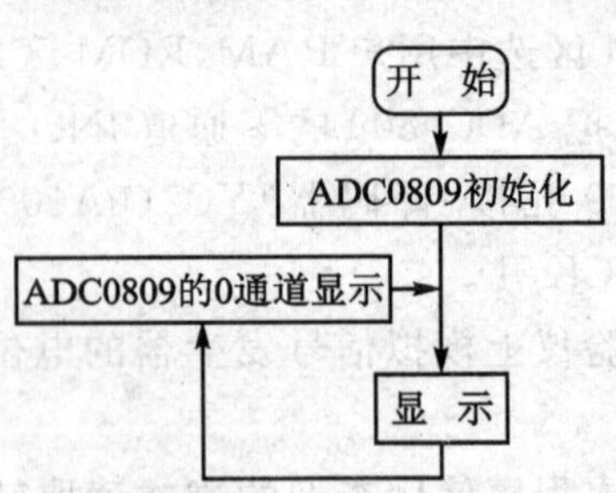

图 3.15 A/D 转换器的工作流程图

八、程序清单

A/D 转换器程序清单采用了汇编语言和 C 语言编写源程序。

1. 汇编语言源程序

```
        OUTBIT    EQU 0E101H      ;位控制口,指向 8155A 口地址
        CLK164    EQU 0E102H      ;段控制口(接 74LS164 时钟位),指向 8155B 口地址
        DAT164    EQU 0E102H      ;段控制口(接 74LS164 数据位),指向 8155B 口地址
        LEDBUF    EQU     40H     ;显示缓冲
        ORG       0000H
        MOV       SP,#60H
        MOV       DPTR,#0E100H    ;8155 初始化,指向 8155 命令字端口
        MOV       A,#03H          ;设置 A、B 口输出,C 口输入
        MOVX      @DPTR,A
        MOV       40H,#00H        ;显示缓冲器初始化 080900
        MOV       41H,#08H
        MOV       42H,#00H
        MOV       43H,#09H
        MOV       44H,#00H
        MOV       45H,#00H
LOOP1:
        MOV       R7,#40
VI:
        LCALL     DISPLAY
        DJNZ      R7,VI
        MOV       A,#00H
        MOV       DPTR,#0A000H    ;ADC0809 的通道开始转换吗?
        MOVX      @DPTR,A         ;启动 A/D
        MOV       R7,#0FH
LOOP2:
        DJNZ      R7,LOOP2
        MOVX      A,@DPTR         ;读取转换结果
        MOV       R0,#45H         ;拆字
        LCALL     PTDS
        SJMP      LOOP1
PTDS:
        MOV       R1,A
        LCALL     PTDS1           ;取低四位,存入 45H 单元
        MOV       A,R1
```

```
        SWAP    A               ;取高四位,存入 44H 单元
PTDS1:
        ANL     A,#0FH
        MOV     @R0,A
        DEC     R0
        RET
DELAY:
        MOV     R7, #0          ;延时子程序
DELAYLOOP:
        DJNZ    R7, DELAYLOOP
        DJNZ    R6, DELAYLOOP
        RET
DISPLAY :
        SETB    0D3H            ;选择当前寄存器组 1(RS1、RS0=01)
        MOV     R0, #LEDBUF
        MOV     R1, #6          ;共 6 个八段数码管
        MOV     R2, #00100000B  ;从左边开始显示
LOOP:
        MOV     DPTR, #OUTBIT   ;位控制口,指向 8155A 口地址
        MOV     A, #00H         ;八段数码管共阴极
        MOVX    @DPTR, A        ;经 μA2003 反向驱动后关所有八段数码管
        MOV     A, @R0          ;查询八段数码管显示码表
        MOV     DPTR,#LEDMAP
        MOVC    A,@A+DPTR
        MOV     B, #8           ;送 74LS164
DLP:
        RLC     A
        MOV     R3, A
        MOV     ACC.0, C
        ANL     A,#0FDH
        MOV     DPTR, #DAT164
        MOVX    @DPTR, A
        MOV     DPTR, #CLK164
        ORL     A,#02H
        MOVX    @DPTR, A
        ANL     A,#0FDH
        MOVX    @DPTR, A
        MOV     A, R3
        DJNZ    B, DLP
```

```
        MOV     DPTR，#OUTBIT
        MOV     A，R2
        MOVX    @DPTR，A        ;显示一位八段数码管
        MOV     R6，#1
        CALL    DELAY
        MOV     A，R2           ;显示下一位
        RR      A
        MOV     R2，A
        INC     R0
        DJNZ    R1，LOOP
        MOV     DPTR，#OUTBIT   ;关所有八段数码管
        MOV     A，#0
        MOVX    @DPTR，A
        CLR     0D3H            ;退出寄存器组1
        RET
LEDMAP:                         ;八段数码管显示码
        DB      3FH，06H，5BH，4FH，66H，6DH，7DH，07H
        DB      7FH，6FH，77H，7CH，39H，5EH，79H，71H
        END
```

2. C语言源程序

```
#include <absacc.h>
#include <reg51.h>
#define LEDLEN      6
#define MODE        0x03
#define CS0809      XBYTE[0xa000]
#define CADDR       XBYTE[0xe100]   //控制字地址
#define OUTBIT      XBYTE[0xe101]   //位控制口
#define CLK164      XBYTE[0xe102]   //段控制口(接74LS164时钟位)
#define DAT164      XBYTE[0xe102]   //段控制口(接74LS164数据位)
#define IN          XBYTE[0xe103]   //键盘读入口

unsigned char LEDBuf[LEDLEN];            //显示缓冲
code unsigned char LEDMAP[] = {          //八段数码管显示码
  0x3f，0x06，0x5b，0x4f，0x66，0x6d，0x7d，0x07，
  0x7f，0x6f，0x77，0x7c，0x39，0x5e，0x79，0x71
};

void Delay(unsigned char CNT)
```

```
{
  unsigned char i;

  while (CNT-- != 0)
   {
       for (i=100;i != 0;i--);
   };
}

void DisplayLED()
{
  unsigned char i, j;
  unsigned char Pos;
  unsigned char LED;

  Pos = 0x20;                              //从左边开始显示
  for (i = 0;i < LEDLEN;i++)
   {
       OUTBIT = 0;                         //关所有八段数码管
       LED = LEDBuf[i];
       for (j = 0;j < 8;j++)
          {                                //送 74LS164
              if (LED & 0x80)
              {
                  DAT164 = 1 ;
              }
              else
              {
                  DAT164 = 0 ;
              };
              CLK164 = CLK164| 0X02;
              CLK164 = CLK164& 0Xfd;
              LED <<= 1;
          };
          OUTBIT = Pos;                    //显示一位八段数码管
          Delay(1);
          Pos >>= 1;                       //显示下一位
       };
       OUTBIT = 0;                         //关所有八段数码管
```

```
}
unsigned char Read0809()
{
  unsigned char i;

  CS0809 = 0;                                //启动 A/D
  for (i=0;i<0x20;i++) ;                     //延时>100 μs
  return(CS0809);                            //读入结果
}

void main()
{
   unsigned char j;
   CADDR = MODE;

   while(1)
   {
      LEDBuf[0] = 0X3F;
      LEDBuf[1] = 0X7F;
      LEDBuf[2] = 0X3F;
      LEDBuf[3] = 0X6F;
      LEDBuf[4] = 0X00;
      LEDBuf[5] = 0X00;

      LEDBuf[5] = LEDMAP[Read0809() & 0x0f] ;
      LEDBuf[4] = LEDMAP[Read0809()>>4 & 0x0f] ;
      for(j=0;j<5;j++);              //延时
      DisplayLED();
   };
}
```

3.7　D/A 转换实验

一、实验目的

(1) 掌握 D/A 转换芯片与单片机的接口方法。

(2) 了解 D/A 转换芯片 DAC0832 的性能及编程方法。

二、实验内容

利用综合实验仪上的DAC0832输出一个从0 V开始逐渐升至5 V再降至0 V的三角波电压,数码管显示数字量值。

三、实验设备与器材

(1) 超想-3000TB综合实验仪	1台
(2) Keil C超级仿真器	1台
(3) 连线	若干根
(4) 计算机	1台

四、实验原理

1. D/A转换器概述

D/A转换器的功能是将输入的数字量转换成模拟量输出。这一功能在语音合成等方面得到了广泛的应用。有关D/A转换器的技术性能指标很多,例如绝对精度、相对精度、线性度、输出电压范围、温度系数、输入数字代码种类(二进制或BCD码)等。

(1) 分辨率　分辨率是D/A转换器对输入量变化敏感程度的描述,与输入数字量的位数有关。例如,8位数的分辨率为1/256,10位数的分辨率为1/1 024等。因此,数字量位数越多,分辨率也就越高,亦即转换器对输入量变化的敏感程度也就越高。使用时,应根据分辨率的需要来选定转换器的位数。DAC常可分为8位、10位和12位三种。

(2) 建立时间　建立时间是描述D/A转换速度快慢的一个参数,是指从输入数字量变化到输出量达到终值误差±(1/2)LSB(最低有效位)时所需的时间。通常以建立时间来表示转换速度。

转换器的输出形式为电流时,建立时间较短;输出形式为电压时,由于建立时间还要加上运算放大器的延迟时间,因此建立时间要长一点。但总的来说,D/A转换速度远高于A/D转换速度,快速的D/A转换器的建立时间可达1 μs。

(3) 接口形式　D/A转换器与单片机接口方便与否,主要决定于转换器本身是否带数据锁存器。对于不带锁存器的D/A转换器,为了保存来自单片机的转换数据,接口时要另加锁存器,因此这类转换器必须在口线上;而带锁存器的D/A转换器,可以把它看作是一个输出口,因此可直接连接在数据总线上,而不需另加锁存器。

2. D/A 转换器 DAC0832

本实验中采用的转换器为DAC0832，该芯片为电流输出型8位D/A转换器，单电源供电，从+5～+15 V均可正常工作。基准电压的范围为±10 V；电流建立时间为1 μs；CMOS工艺，最低功耗20 mW。其输入设有两级缓冲锁存器，因此可同时输出多路模拟量。本实验中采用单级缓冲连接方式，用DAC0832来产生三角波，具体线路如图3.16接线图所示。V_{ref}引脚的电压极性和大小决定了输出电压的极性与幅度，超想-3000TB综合实验仪上的DAC0832的第8引脚(V_{ref})的电压已接为-5 V，所以输出电压值的幅度为0～5 V。

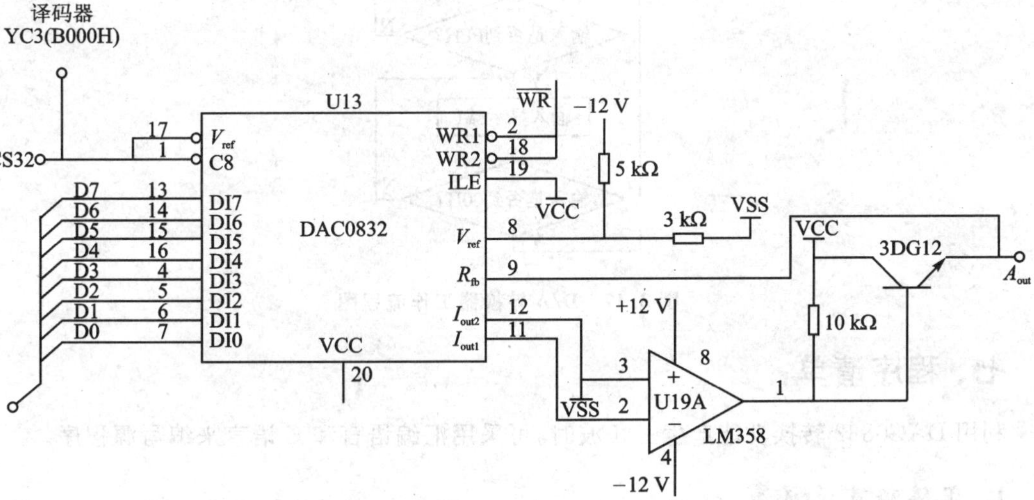

图3.16 D/A转换器实验接线图

五、实验步骤

(1) 设定仿真模式：程序空间在仿真器上，数据空间在用户板上。把DAC0832的片选CS32孔接至“译码器”YC3(0B000H-0BFFFH)孔。

(2) 硬件诊断：超想-3000TB+Keil C超级仿真器连微型计算机，在WINDOWS调试环境下打开数据存储区，在0B000H地址(即DAC0832的片选空间)上写入FFH，则A_{out}孔输出应为5 V；写入00H，则A_{out}孔输出应为0V。

(3) 编写程序、编译程序：用单步、断点、连续方式调试程序，排除软件错误。运行程序时，数码管上显示8155键显区不断加大或减小的数字量，而用万用表测量D/A输出孔A_{out}，应能测出不断加大或减小的电压值。

六、程序框图

图 3.17 为 D/A 转换器工作流程图。

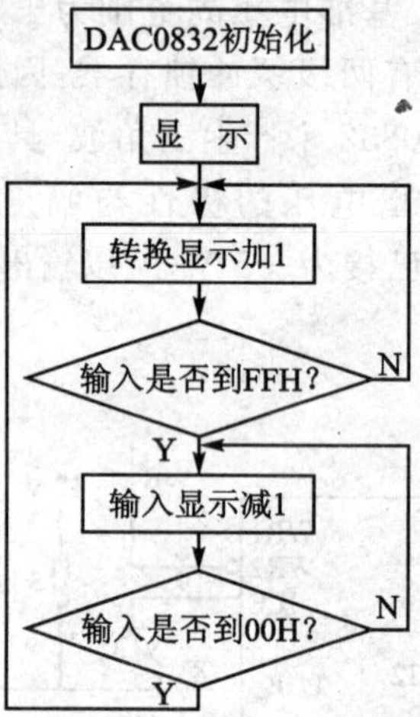

图 3.17 D/A 转换器工作流程图

七、程序清单

利用 DAC0832 转换功能产生三角波时，可采用汇编语言和 C 语言来编写源程序。

1. 汇编语言源程序

```
OUTBIT    EQU 0E101H        ;位控制口，指向 8155A 口地址
CLK164    EQU 0E102H        ;段控制口（接 74LS164 时钟位），指向 8155B 口地址
DAT164    EQU 0E102H        ;段控制口（接 74LS164 数据位），指向 8155B 口地址
LEDBUF    EQU   40H         ;显示缓冲
ORG       0000H
MOV       SP，#60H
MOV       DPTR，#0E100H     ;8155 初始化，指向 8155 命令字端口
MOV       A，#03H           ;设置 A、B 口输出，C 口输入
MOVX      @DPTR，A
MOV       40H，#00H         ;显示缓冲区初始化 DAC0832
MOV       41H，#08H
MOV       42H，#03H
MOV       43H，#02H
MOV       44H，#00H
MOV       45H，#00H
```

```
LOOP1:
        MOV     R5,#00H
LOOP2:
        MOV     DPTR,#0B000H        ;DAC0832 从小到大转换
        MOV     A,R5
        MOVX    @DPTR,A             ;启动 D/A
        MOV     45H,A               ;拆字后送显示缓冲区
        MOV     R0,#45H
        ACALL   PTDS
        MOV     R6,#15H
DIR10:
        ACALL   DISPLAY             ;调用显示子程序
        DJNZ    R6,DIR10
        INC     R5
        CJNE    R5,#00H,LOOP2
LOOP3:
        MOV     DPTR,#0B000H        ;DAC0832 从大到小转换
        DEC     R5
        MOV     A,R5
        MOVX    @DPTR,A             ;启动 D/A
        MOV     R0,#45H
        ACALL   PTDS
        MOV     R6,#15H
DIR11:
        ACALL   DISPLAY
        DJNZ    R6,DIR11
        CJNE    R5,#00H,LOOP3
        SJMP    LOOP1
DELAY:
        MOV     R7, #00             ;延时子程序
DELAYLOOP:
        DJNZ    R7, DELAYLOOP
        DJNZ    R6, DELAYLOOP
        RET
DISPLAY:
        SETB    0D3H                ;选择当前寄存器组 1(RS1、RS0=01)
        MOV     R0, #LEDBUF
        MOV     R1, #6              ;共 6 个八段数码管
        MOV     R2, #00100000B      ;从左边开始显示
```

```
LOOP:
        MOV     DPTR，#OUTBIT      ;位控制口,指向 8155A 口地址
        MOV     A，#00H            ;八段数码管共阴极
        MOVX    @DPTR，A           ;经 μA2003 反向驱动后关所有八段数码管
        MOV     A，@R0
        MOV     DPTR，#LEDMAP      ;查询八段数码管显示码表
        MOVC    A,@A+DPTR
        MOV     B，#8              ;送 74LS164
DLP:
        RLC     A
        MOV     R3，A
        MOV     ACC.0，C
        ANL     A，#0FDH
        MOV     DPTR，#DAT164
        MOVX    @DPTR，A
        MOV     DPTR，#CLK164
        ORL     A，#02H
        MOVX    @DPTR，A
        ANL     A，#0FDH
        MOVX    @DPTR，A
        MOV     A，R3
        DJNZ    B，DLP
        MOV     DPTR，#OUTBIT
        MOV     A，R2
        MOVX    @DPTR，A           ;显示一位八段数码管
        MOV     R6，#02
        CALL    DELAY
        MOV     A，R2              ;显示下一位
        RR      A
        MOV     R2，A
        INC     R0
        DJNZ    R1，LOOP
        MOV     DPTR，#OUTBIT
        MOV     A，#0
        MOVX    @DPTR，A           ;关所有八段数码管
        CLR     0D3H
        RET
LEDMAP:                            ;八段数码管显示码
        DB      3FH，06H，5BH，4FH，66H，6DH，7DH，07H
```

```
        DB      7FH, 6FH, 77H, 7CH, 39H, 5EH, 79H, 71H
PTDS:
        MOV     R1,A
        ACALL   PTDS1                   ;取低四位,存入 45H 单元
        MOV     A,R1
        SWAP    A                       ;取高四位,存入 44H 单元
PTDS1:
        ANL     A,#0FH
        MOV     @R0,A
        DEC     R0
        RET
        END
```

2. C 语言源程序

```
#include <absacc.h>
#define LEDLEN      6
#define MODE        0x03
#define CS0832      XBYTE[0xa000]
#define CADDR       XBYTE[0xe100]       //控制字地址
#define OUTBIT      XBYTE[0xe101]       //位控制口
#define CLK164      XBYTE[0xe102]       //段控制口(接 74LS164 时钟位)
#define DAT164      XBYTE[0xe102]       //段控制口(接 74LS164 数据位)
#define IN          XBYTE[0xe103]       //键盘读入口

unsigned char LEDBuf[LEDLEN];           //显示缓冲
code unsigned char LEDMAP[] = {         //八段数码管显示码
  0x3f, 0x06, 0x5b, 0x4f, 0x66, 0x6d, 0x7d, 0x07,
  0x7f, 0x6f, 0x77, 0x7c, 0x39, 0x5e, 0x79, 0x71
};

void Delay(unsigned char CNT)
{
  unsigned char i;

  while (CNT-- ! =0)
    {
        for (i=100;i ! =0;i--);
    };
}
```

```
void DisplayLED()
{
  unsigned char i, j;
  unsigned char Pos;
  unsigned char LED;

  Pos = 0x20;                          //从左边开始显示
  for (i = 0;i < LEDLEN;i++)
  {
    OUTBIT = 0;                        //关所有八段数码管
    LED = LEDBuf[i];
    for (j = 0;j < 8;j++)
     {                                 //送 74LS164
     if (LED & 0x80)
         DAT164 = 1 ;
     else
         DAT164 = 0 ;
     CLK164 = CLK164| 0X02;
     CLK164 = CLK164& 0Xfd;
     LED <<= 1;
     };
     OUTBIT = Pos;                     //显示一位八段数码管
     Delay(1);
     Pos >>= 1;                        //显示下一位
   };
   OUTBIT = 0;                         //关所有八段数码管
}
void Write0832(unsigned char b)
{
  CS0832 = b;
}

void main()
{
   unsigned char i = 0;
   unsigned char j;
   CADDR = MODE;
   while(1)
```

```
    {
        LEDBuf[0] = 0X3F;
        LEDBuf[1] = 0X7F;
        LEDBuf[2] = 0X4f;
        LEDBuf[3] = 0X5b;
        LEDBuf[4] = 0X00;
        LEDBuf[5] = 0X00;
        Write0832(i);
        LEDBuf[5] = LEDMAP[i & 0x0f] ;
        LEDBuf[4] = LEDMAP[i>>4 & 0x0f] ;
        i++;
        for(j=0;j<20;j++);            //延时
        DisplayLED();
    };
}
```

3.8 INTO 中断实验

一、实验目的

(1) 掌握 MCS51 单片机中断原理以及编程使用方法。

(2) 理解下降沿中断和低电平中断的区别。

二、实验内容

编写主程序,读取 K0 状态。当 K0 状态与地端闭合时(P1.3 为低电平)初始化为下降沿中断;反之,初始化为低电平中断,且发光二极管灭;编写中断服务程序,使图 3.18 中的发光管闪烁 5 次,间隔时间 250 ms,即中断服务程序的执行时间为 2.5 s,退出中断程序时,使发光管灭。

三、实验设备与器材

(1) 超想-3000TB 综合实验仪	1 台
(2) Keil C 超级仿真器	1 台
(3) 连线	若干
(4) 计算机	1 台

四、实验原理

MCS51 单片机有 5 个中断源，其中 2 个是由 $\overline{INT0}$、$\overline{INT1}$引脚输入的外部中断源；另外 3 个内部中断源是由 T0、T1 的溢出引起中断和串行口发送完一字节或接收到一字节数据引起中断。外部中断触发方式有两种，即下降沿引起中断和低电平引起中断。当编程 TCON 中的 ITi 为 1 时，则引起中断的触发方式为边沿触发方式；当 ITi 为 0 时，则为低电平触发方式。控制寄存器 TCON 用来控制 T0 和 T1 的启动、停止，并给出相应的状态字节地址为 88H，位地址为 88H～8FH。其格式如下：

TCON (MSB) (LSB)

TF1	TR1	TF0	TR0	IE1	IT1	IE0	IT0

每个中断源的中断请求能否得到响应要受两级“开关”的控制，即一个总“开关”EA 和 5 个分“开关”ES、ET1、EX1、ET0 和 EX0 的控制。只有当 EA 为 1，且对应的分“开关”也为 1 时，相应中断源的中断请求才能被响应。专用寄存器 IE 为中断允许寄存器，通过向 IE 写入中断控制字，控制 CPU 对中断的开放或屏蔽，以及每个中断源是否允许中断。其格式如下：

IE (MSB) (LSB)

EA	—	—	ES	ET1	EX1	ET0	EX0

5 个中断源可编程分为两个优先级，同一优先级内以$\overline{INT0}$的优先级为最高，然后依次是 T0 中断、$\overline{INT1}$中断、T1 中断和串行口中断。中断响应的基本原则是：

(1) 高优先级不能被低优先级中断。

(2) 低优先级可被高优先级中断。

(3) 任何一种中断(不论是高级还是低级)，一旦得到响应，不会再被其他的同级中断所中断。

(4) 两个同一级的中断源同时向 CPU 发出中断申请，CPU 通过内部硬件查询，按自然优先级确定优先响应哪一个中断请求。自然优先级的顺序是由硬件电路决定的。

优先级的顺序排列如表 3.3 所列。

5 个中断源分别对应一个固定的中断服务程序入口地址。当某中断源的中断申请被 CPU 响应之后，CPU 将把此中断源的入口地址装入脉冲计数器(PC)，中断服务程序即从此地址开始执行。此地址称为中断入口，亦称中断矢量。在 80C51 单片机中各中断源以及与之对应的入口地址(由单片机硬件电路决定)分配如表 3.4 所列。

表 3.3　自然优先顺序

序　号	中 断 源	自然优先顺序
1	外部中断 0	最　高
2	定时器 0	次　高
3	外部中断 1	中
4	定时器 1	次　低
5	串行口中断	最　低

表 3.4　中断源与入口地址

中 断 源	入口地址
外部中断 0	0003H
定时器 T0 中断	000BH
外部中断 1	0013H
定时器 T1 中断	001BH
串行口中断	0023H

CPU 在每个机器周期顺序采样每个中断源，如果查询到某个中断源的中断标志为 1，则中断系统通过硬件自动将相应的中断矢量装入脉冲计数器，进入中断服务程序。图 3.17 中的开关 TR3 为一带锁按钮(在实验仪“脉冲源”模块中)，在按下和松开按钮时，“ ┓┏ ”孔的电平将发生变化，由此产生下降沿。图 3.18 为 INT0 中断实验接线图。

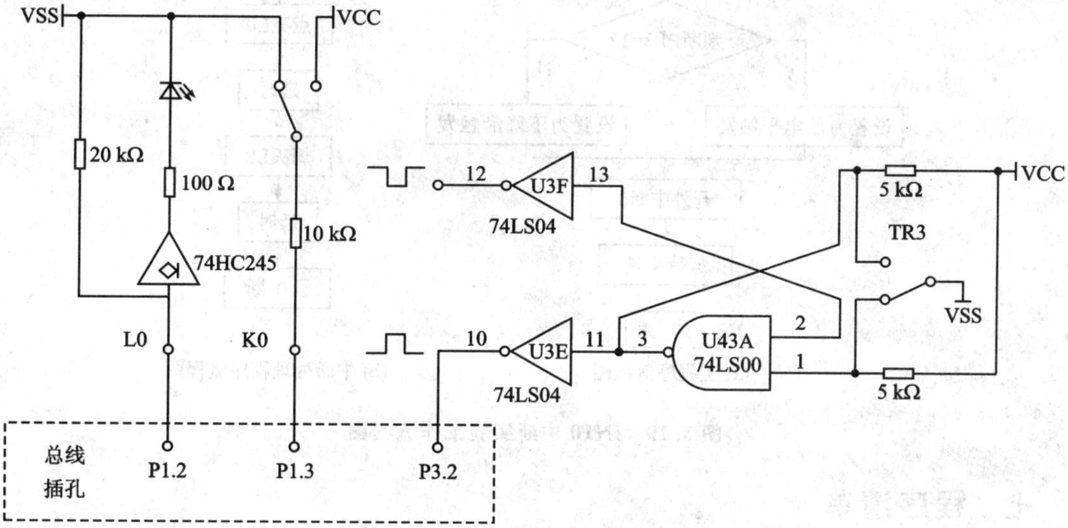

图 3.18　INT0 中断实验接线图

打开实验箱，按图中所示用连线将“总线插孔”框中的 P1.2、P1.3 和 P3.2 孔分别连接至“发光二极管组”的 L0、“开关量发生器”的 K0 和“脉冲源”的“ ┓┏ ”孔。

五、实验步骤

(1) 将微型计算机、仿真器和超想-3000TB 综合实验仪连接好，并将实验所需电路按照接线方案图连接正确。

(2) 编写实验程序，并调试运行。

(3) 将 K0 与地端(VSS)相连，按按钮 TR3，使图中┓┏点变成高电平，等 2 s 后再按按钮 TR3，使图中┓┏点为低电平，重复以上操作，观察发光管的闪烁情况。

(4) 将 K0 与 VCC 端相连，重新运行程序，重复上述操作，观察发光管闪烁情况。两次的观察结果是否一样，为什么？

(5) 用万用表测量图中┓┏点的电平，即按下按钮 TR3，然后松开，反复多次操作观察该点电平的变化。

六、程序框图

图 3.19 为 INT0 中断实验工作流程图。图(a)为主程序流程图，图(b)为中断处理程序流程图。

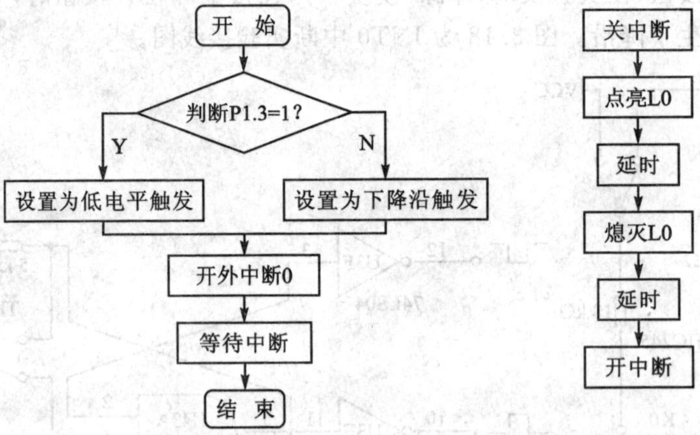

(a) 主程序流程图　　(b) 中断处理程序流程图

图 3.19　INT0 中断实验工作流程图

七、程序清单

INT0 中断实验程序采用汇编语言和 C 语言来编写源程序。

1. 汇编语言源程序

```
        ORG     0000H
        LJMP    MAIN
        ORG     0003H                       ;中断服务程序入口地址
        LJMP    INTPR
MAIN:
XX3:
```

```
        SETB    EX0
        JB      P1.3,XX1
        SETB    IT0
        SJMP    XX2
XX1:
        CLR     IT0
XX2:
        SETB    EA
        NOP
        SJMP    XX3                 ;一个完整的单片机程序必须是死循环
INTPR:
        MOV     R0,#05H
XXX2:
        SETB    P1.2
        ACALL   DELAY250MS
        CLR     P1.2
        ACALL   DELAY250MS
        DJNZ    R0,XXX2
        RETI                        ;中断服务子程序
DELAY250MS:
        MOV     R6,#250
XXX3:
        ACALL   DELAY1MS
        DJNZ    R6,XXX3
        RET
DELAY1MS:
        MOV     R7,#250
XXX4:
        NOP
        NOP
        DJNZ    R7,XXX4
        RET                         ;延时子程序
        END
```

2. C 语言源程序

```
#include <reg52.h>
sbit LED0=P1^2;                     //重定义 I/O 引脚名称
sbit P1_3=P1^3;
bit  F_INT0;                        //全局变量,中断标志位定义
```

```
//---------函数声明--------
void Initial_1();                                   //初始化(INT0 低电平触发)
void Initial_2();                                   //初始化(INT0 下降沿触发)
void Delay(unsigned char t);

void main()
{
    unsigned char n;
    if(P1_3==0)
    {
        Initial_1();                                //K0 与地端闭合时,初始化为低电平触发
    }
    else
    {
        Initial_2();                                //K0 与 VCC 端闭合时,初始化为下降沿触发
    };
    while(1)                                        //无限循环(等待中断)
    {
      if(F_INT0)
      {                                             //中断 0 来到要做什么事情
          EX0=0;                                    //关 INT0 中断
          F_INT0=0;
          for(n=5;n>0;n--)                          //闪烁 5 次,间隔 250 ms
          {
              LED0=0;                               //INT0 中断时点亮 L0
              Delay(250);
              LED0 = 1;                             //熄灭 L0
              Delay(250);
          };
              EX0=1;                                //开 INT0 中断
      };
    };
}
//-------初始化子程序----------
void Initial_1()
{
    EA=1;                                           // CPU 所有中断开(IE 最高位 MSB)
    EX0=1;                                          //开 INT0 中断
    IT0=0;                                          // INT0 低电平触发(为 1 则为下降沿触发)
```

```
    return;
}
void Initial_2()
{
    EA=1;
    EX0=1;
    IT0=1;                                    //INT0 下降沿触发
    return;
}
//--------延时子程序------------
void Delay(unsigned char t)
{
    unsigned char i;
    unsigned char j;

    for(j=t;t>0;t--)
    {
        for(i = 255 ;i>0 ;i--);               //约 1 ms
    };
}
//------------中断服务程序-------
void Int_0() interrupt 0 using 0              //INT0 中断  由 P3.2 引脚产生
{
    F_INT0=1;
}
```

3.9 脉冲计数 (定时/计数器的计数功能实验)

一、实验目的

(1) 熟悉定时/计数器的计数功能。

(3) 掌握初始化编程的方法。

(4) 掌握中断程序的调试方法。

二、实验内容

用 8031 定时/计数器 0 对外部输入的脉冲进行计数,并将数值送入 LED 显示器显示。

三、实验设备与器材

(1) 超想-3000TB 综合实验仪 1 台
(2) Keil C 超级仿真器 1 台
(3) 连线 若干根
(4) 计算机 1 台

四、实验原理

MCS-51 有两个 16 位定时/计数器，即 T0 和 T1。单片机内部有两个专用寄存器 TMOD、TCON，用来存放控制定时器/计数器工作的有关参数。TMOD 用于控制和确定各定时/计数器的功能和工作模式。TCON 用于控制定时/计数器 T0、T1 的启动和停止，同时控制定时/计数器的状态。定时/计数器内部由振荡器、分频器、计数器及开关控制电路组成。其核心是一个加 1 计数器和 16 位的定时/计数器，它们分别由两个 8 位的专用寄存器组成，即 T0 由 TH0 和 TL0 构成，T1 由 TH1 和 TL1 构成。这些寄存器用来存放定时或计数初值，每个定时器都可以由软件设置成定时工作方式或计数工作方式。

特殊功能寄存器 TMOD 和 TCON 是定时/计数器 0 和 1 的控制和状态寄存器，用于控制和确定各定时/计数器的功能和工作模式等。

TMOD 用于控制的 T0、T1 工作方式和 4 种工作模式。其中低 4 位用于控制 T0，高 4 位用于控制 T1。其格式如下：

TMOD (MSB) (LSB)

GATE	C/(/T)	M1	M0	GATE	C/(/T)	M1	M0

M1、M0 位为工作方式选择位。具体工作方式如表 3.5 所列。

表 3.5 M1、M0 位工作方式的功能

M1	M0	工作方式	功 能
0	0	方式 0	初值寄存器 TL 的低 5 位与 TH 的高 8 位构成 13 位计数器
0	1	方式 1	寄存器 TL 与 TH 构成 16 位计数器，计满溢出，计数器回零
1	0	方式 2	自动装载 8 位计数器，TL 溢出，TH 内容送 TL
1	1	方式 3	定时器 T0 分成两个 8 位定时器，T1 停止工作

控制寄存器 TCON 用来控制 T0 和 T1 的启动、停止，并给出相应的状态字节地址为 88H，位地址为 88H～8FH，其格式如下：

TCON (MSB) (LSB)

TF1	TR1	TF0	TR0	IE1	IT1	IE0	IT0

计数和定时实质上都是对脉冲信号进行计数，只不过对不同的脉冲源而已。当工作在定时器方式时，计数脉冲来自单片机的内部，每个机器周期使计数器加 1，由于计数脉冲的频率是固定的(即每个脉冲为 1 个机器周期的时间)，故可通过设定计数值来实现定时功能。当工作在计数器方式时，计数脉冲来自单片机的外部输入信号引脚，每当引脚上出现一个由 1 到 0 的电平变化时，计数器的值加 1，从而实现计数功能。可以通过编程来确定定时/计数器的功能，以及它的工作方式。读取计数器的当前值时，应读 3 次。这样可以避免在第一次读完后，第二次读之前，由于低位溢出向高位进位时产生的错误。

五、实验接线图

打开实验箱，按图 3.20 所示用连线将"总线插孔"的 P3.4 孔连接至"脉冲源"的"┐┌"孔。

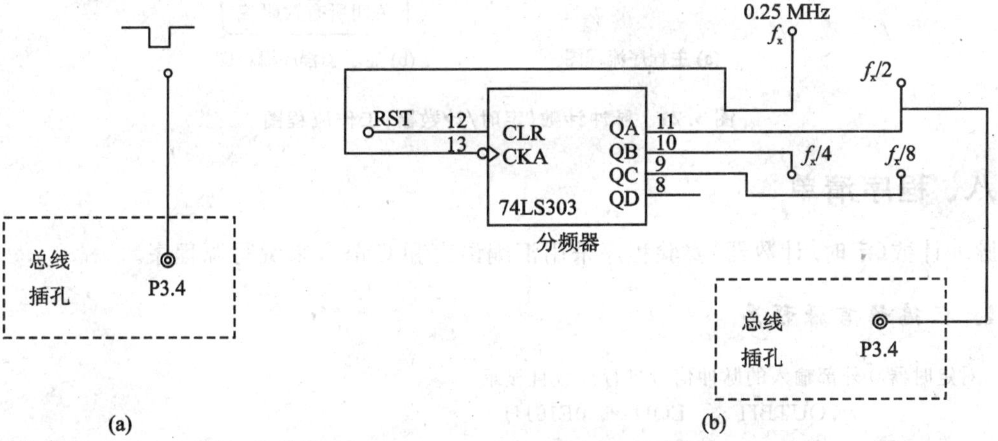

图 3.20　脉冲计数实验接线图

六、实验步骤

(1) 将计算机、仿真器和超想-3000TB 综合实验仪连接好，并将实验所需电路按照图 3.19连接正确。

(2) 编写程序，并调试运行。

(3) 执行程序，然后按下 TR3 带锁按钮，观察数码管上计数脉冲的个数。

七、程序框图

图 3.21 为脉冲计数(定时/计数器)工作流程图。

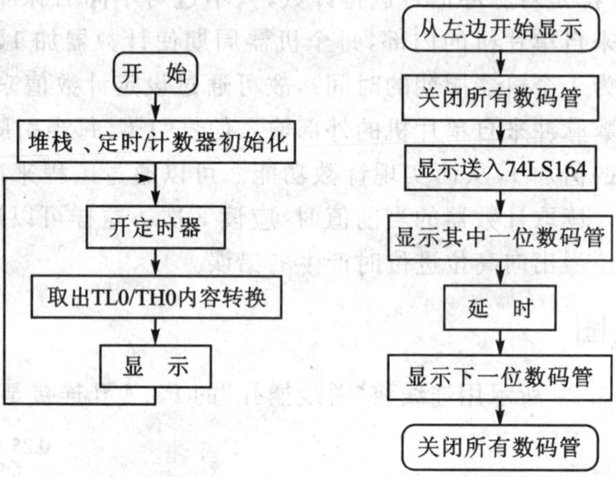

(a) 主程序流程图　　(b) 显示子程序流程图

图 3.21　脉冲计数(定时/计数器)工作流程图

八、程序清单

脉冲计数(定时/计数器)实验程序采用汇编语言和 C 语言来编写源程序。

1. 汇编语言源程序

```
;对定时器 0 外部输入的脉冲信号进行计数且显示
        OUTBIT   EQU    0E101H
        CLK164   EQU    0E102H          ;段控制口(接 74LS164 时钟位)
        DAT164   EQU    0E102H          ;段控制口(接 74LS164 数据位)
        LEDBUF   EQU    40H
        IN       EQU    0E103H
        ORG      0000H
        MOV      SP,＃60H
        MOV      DPTR,＃0E100H          ;8155 初始化
        MOV      A,＃03H
        MOVX     @DPTR,A
        MOV      TMOD,＃05H             ;定时器初始化
        MOV      TH0,＃00H
        MOV      TL0,＃00H
```

```
        SETB    TR0
LOOP0:
        MOV     R2,TH0
        MOV     R3,TL0
        LCALL   LOOP1
        MOV     R0,#40H
        MOV     A,R6
        LCALL   PTDS
        MOV     A,R5
        LCALL   PTDS
        MOV     A,R4
        LCALL   PTDS
        LCALL   DISPLAY
        SJMP    LOOP0
LOOP1:
        CLR     A                       ;;二进制转十进制子程序
        MOV     R4,A
        MOV     R5,A
        MOV     R6,A
        MOV     R7,#10H
LOOP2:
        CLR     C
        MOV     A,R3
        RLC     A
        MOV     R3,A
        MOV     A,R2
        RLC     A
        MOV     R2,A
        MOV     A,R6
        ADDC    A,R6
        DA      A
        MOV     R6,A
        MOV     A,R5
        ADDC    A,R5
        DA      A
        MOV     R5,A
        MOV     A,R4
        ADDC    A,R4
        DA      A
```

```
        MOV     R4,A
        DJNZ    R7,LOOP2
        RET
PTDS:
        MOV     R1,A                    ;拆字子程序
        ACALL   PTDS1
        MOV     A,R1
        SWAP    A
PTDS1:
        ANL     A,#0FH
        MOV     @R0,A
        INC     R0
        RET
DELAY:
        MOV     R7, #0                  ;延时子程序
DELAYLOOP:
        DJNZ    R7, DELAYLOOP
        DJNZ    R6, DELAYLOOP
        RET

DISPLAY:
        SETB    0D3H
        MOV     R0, #LEDBUF
        MOV     R1, #6                  ;共6个八段数码管
        MOV     R2, #00000001B          ;从左边开始显示
LOOP:
        MOV     DPTR, #OUTBIT
        MOV     A, #00H
        MOVX    @DPTR, A                ;关所有八段数码管
        MOV     A, @R0
        MOV     DPTR,#LEDMAP
        MOVC    A,@A+DPTR
        MOV     B, #8                   ;送74LS164
DLP:
        RLC     A
        MOV     R3, A
        MOV     ACC.0, C
        ANL     A,#0FDH
```

```
        MOV     DPTR，# DAT164
        MOVX    @DPTR，A
        MOV     DPTR，# CLK164
        ORL     A，# 02H
        MOVX    @DPTR，A
        ANL     A，# 0FDH
        MOVX    @DPTR，A
        MOV     A，R3
        DJNZ    B，DLP
        MOV     DPTR，# OUTBIT
        MOV     A，R2
        MOVX    @DPTR，A                ;显示一位八段数码管
        MOV     R6，# 1
        CALL    DELAY
        MOV     A，R2                   ;显示下一位
        RL      A
        MOV     R2，A
        INC     R0
        DJNZ    R1，LOOP
        MOV     DPTR，# OUTBIT
        MOV     A，# 0
        MOVX    @DPTR，A                ;关所有八段数码管
        CLR     0D3H
        RET
LEDMAP：                                ;八段数码管显示码
        DB      3FH，06H，5BH，4FH，66H，6DH，7DH，07H
        DB      7FH，6FH，77H，7CH，39H，5EH，79H，71H
        END
```

2. C 语言源程序

```
# include <reg51. h>
# include <absacc. h>
# define LEDLEN     6                   //6 位数码管显示
# define MODE       0x03                //8155 工作模式选择
# define M_8155     XBYTE[0xe100]       //控制字地址
# define OUTBIT     XBYTE[0xe101]       //位控制口
# define CLK164     XBYTE[0xe102]       //段控制口(接 74LS164 时钟位)
# define DATA164    XBYTE[0xe102]       //段控制口(接 74LS164 数据位)
```

```
unsigned char LEDBuf[LEDLEN];                               //显示缓冲
code unsigned char LEDMAP[] = {                             //八段数码管显示码 0~F
  0x3f, 0x06, 0x5b, 0x4f, 0x66, 0x6d, 0x7d, 0x07,
  0x7f, 0x6f, 0x77, 0x7c, 0x39, 0x5e, 0x79, 0x71
};

void Delay(unsigned char Num)                               //延时子程序
{
unsigned char i;

    while (Num-- ! =0)
    {
    for (i=100;i ! =0;i--);
    };
}
void DisplayLED()                                           //LED 显示子程序
{
    unsigned char i, j;
    unsigned char Pos;
    unsigned char LED;
    Pos = 0x20;                                             //从左边开始显示 0010 0000
    for (i = 0;i < LEDLEN;i++)
    {
        OUTBIT = 0;                                         //关闭所有八段数码管
        LED = LEDBuf[i];
        for (j = 0;j < 8;j++)
        {                                                   //显示码送入 74LS164
            if (LED & 0x80)
            {
                DATA164 = 1;
            }
            else
            {
                DATA164 = 0;
            };
            CLK164 = CLK164|0x02;                           //PB1 口输出高电平
            CLK164 = CLK164&0xfd;                           //PB1 口输出低电平
            LED = LED<<1;                                   //数据左移一位
        };
```

```
        OUTBIT = Pos;                              //显示一位八段数码管
        Delay(1);                                  //延时
        Pos =Pos>>1;                               //显示下一位
    };
    OUTBIT = 0;                                    //关闭所有八段数码管
}
void main()                                        //主程序
{
    unsigned char i,j;
    long int   n;
    i= 0;
    M_8155 = MODE;                                 //初始化
    TMOD = 0X05;
    TH0 = 0x00;
    TL0 = 0x00;
    TR0 = 1;
    while(1)
    {
        n=TH0 * 256+TL0;                           //取出计数值
        for(j=0;j<6;j++)
        {                                          //查找显示码
            LEDBuf[5 - j]=LEDMAP[n%10];
            n=n/10;
        };
        DisplayLED();                              //调用显示子程序
    };
}
```

3.10　步进电动机控制实验

一、实验目的

(1) 了解步进电动机的工作原理及结构。

(2) 掌握用单片机的步进电动机控制系统硬件的设计方法。

(3) 熟悉步进电动机驱动程序的设计与调试。

二、实验内容

编写并调试出一个实验程序按图 3.22 所示控制步进电动机旋转。

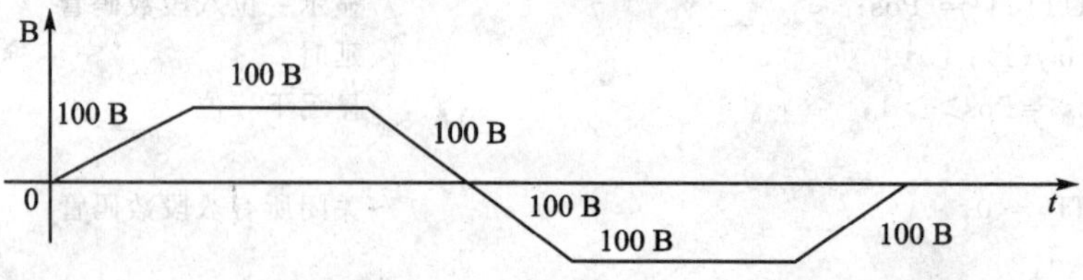

图 3.22 步进电动机控制图

三、实验设备与器材

(1) 超想-3000TB 综合实验仪 1 台
(2) Keil C 超级仿真器 1 台
(3) 计算机 1 台

四、实验原理

步进电动机作为执行元件，是机电一体化的关键产品之一，广泛应用在各种自动化控制系统中。步进电动机是一种将电脉冲转化为角位移的执行机构。当步进驱动器接收到一个脉冲信号，就驱动步进电动机按设定的方向转动一个固定的角度(称为“步距角”)，它的旋转是以固定的角度一步一步运行的。可以通过控制脉冲个数来控制角位移量，以达到准确定位的目的；同时可以通过控制脉冲频率来控制电动机转动的速度和加速度，以达到调速的目的。步进电动机可以作为一种控制用的特种电动机，利用其没有积累误差(精度为 100%)的特点，广泛应用于各种开环控制。步进电动机可以直接接收数字信号，不必进行数模转换，用起来非常方便。步进电动机还具有快速启停、精确步进和定位等特点，因而在数控机床、绘图仪、打印机以及光学仪器中得到广泛的应用。

步进电动机实际上是一个数字/角度转换器，三相步进电动机的结构原理如图 3.23 所示。从图中可以看出，电动机的定子上有六个等分磁极，A、A′、B、B′和 C、C′，相邻的两个磁极之间夹角为 60°，相对的两个磁极组成一相(A－A′，B－B′，C－C′)，当某一绕组有电流通过时，该绕组相应的两个磁极形成 N 极和 S 极，每个磁极上各有五个均匀分布矩形小齿，电动机的转子上有 40 个矩形小齿均匀地分布在圆周上，相邻两个齿之间夹角为 9°。

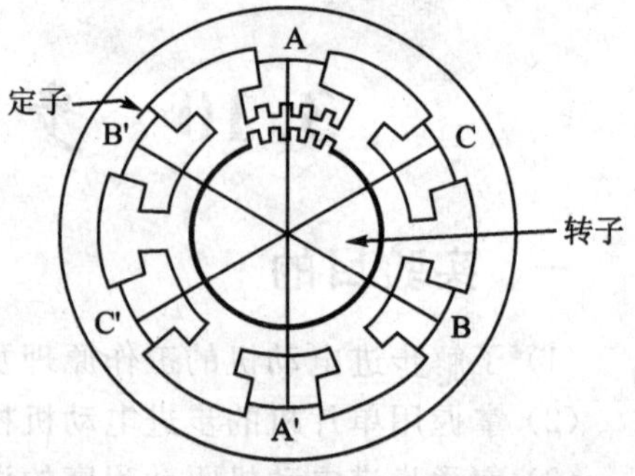

图 3.23 三相步进电动机结构示意图

当某一相绕组通电时，对应的磁极就产生磁场，并与转子形成磁路，如果这时定子的小齿和转子的小齿没有对齐，则在磁场的作用下，转子将转动一定的角度，使转子和定子的齿相互对齐。由此可见，错齿是促使步进电动机旋转的原因。

例如在三相三拍控制方式中，若 A 相通电，B、C 相都不通电，在磁场作用下使转子齿和 A 相的定子齿对齐，以此作为初始状态。设与 A 相磁极中心线对齐的转子的齿为 0 号齿，由于 B 相磁极与 A 相磁极相差 120°，不是 9°的整数倍（120°÷9°=40°/3°），所以此时转子齿没有与 B 相定子的齿对应，只是第 13 号小齿靠近 B 相磁极的中心线，与中心线相差 3°，如果此时突然变为 B 相通电，A、C 相不通电，则 B 相磁极迫使 13 号转子齿与之对齐，转子就转动 3°，这样使电动机转了一步。如果按照 A→B→C 的顺序轮流通电一周，则转子将动 9°。

步进电动机的运转是由脉冲信号控制的，传统方法是采用数字逻辑电路——环形脉冲分配器控制步进电动机的步进。图 3.24 为环形脉冲分配器的简化框图。

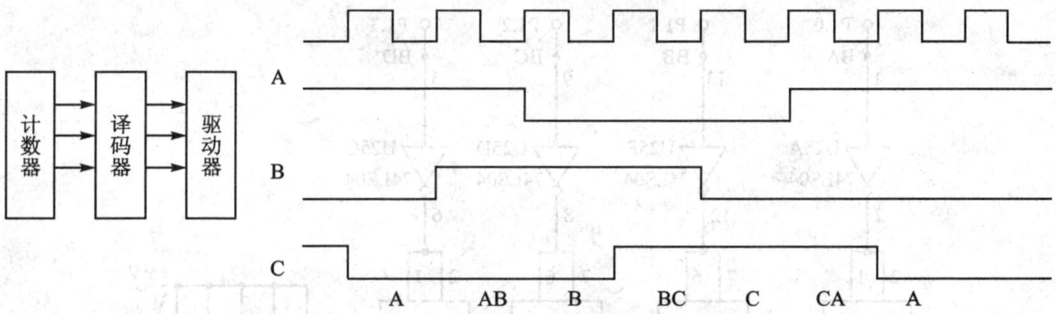

图 3.24 三相六拍环形脉冲分配器

(1) 运转方向控制：如图所示，步进电动机以三相六拍方式工作，若按 A→AB→B→BC→C→CA→A 次序通电为正转，则当按 A→AC→C→CB→B→BA→A 次序通电为反转。

(2) 运转速度的控制：由图可以看出，当改变 CP 脉冲的周期时，ABC 三相绕组高低电平的宽度将发生变化，这就导致通电和断电时速率发生了变化，使电动机转速改变，所以调节 CP 脉冲的周期就可以控制步进电动机的运转速度。

(3) 旋转的角度控制：因为每输入一个 CP 脉冲使步进电动机三相绕组状态变化一次，并相应地旋转一个角度，所以步进电动机旋转的角度由输入的 CP 脉冲数确定。

超想-3000TB 实验仪选用的是 20BY-0 型四相步进电动机，其工作电压为 4.5 V，在双四拍运行方式时，其步距角为 180°，相直流电阻为 55 Ω，最大静电流为 80 mA。采用 8031 单片机控制步进电动机的运转，按四相四拍方式在 P1 口输出控制代码，令其正转或反转。因此 P1 口输出代码的变化周期 T 控制了电机的运转速度：

$$n=60/T\cdot N$$

式中：n——步进电动机的转速（转/分）；

N——步进电动机旋转一周需输出的字节数；

T——代码字节的输出变化周期。

设 $N=360°/18°=20$，$T=1.43$ ms，则步进电动机的转速为 2 100 n/s。

控制 P1 口输出的代码字节个数即控制了步进电动机的旋转角度。

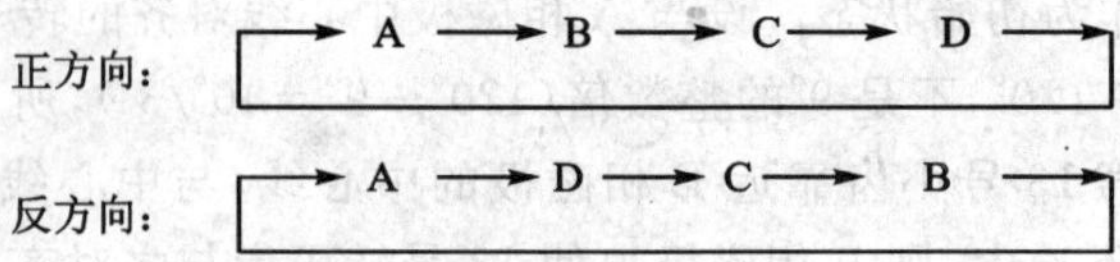

五、实验接线图

图 3.25 为步进电动机实验接线图。

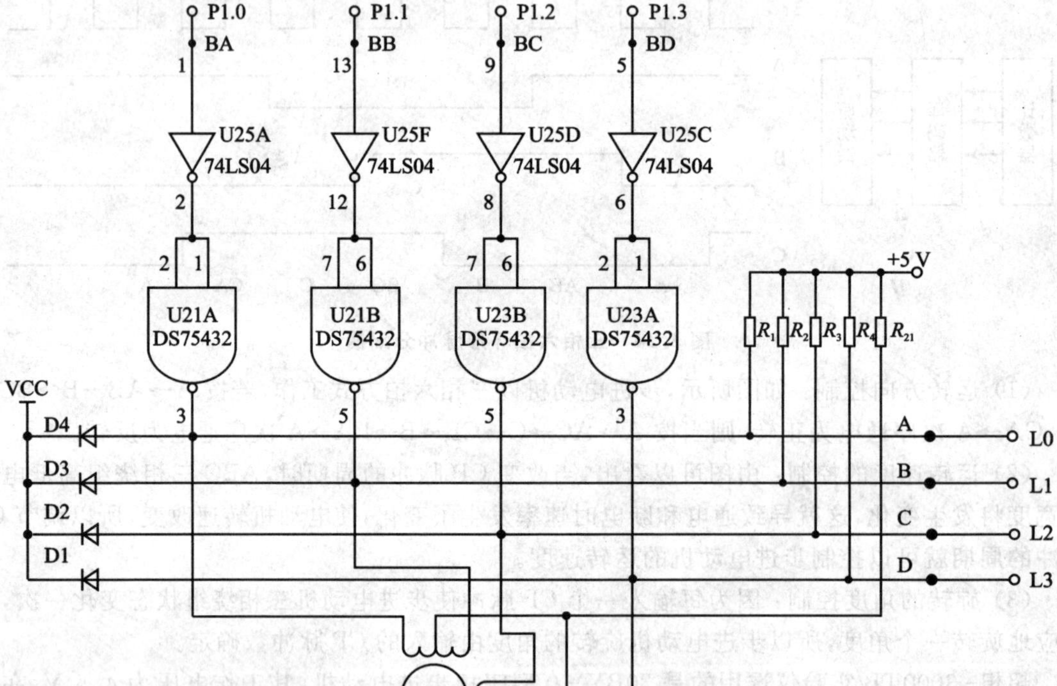

图 3.25　步进电动机实验接线图

根据步进电动机工作原理，使用 8031 的 P1.0～P1.3 分别驱动步进电动机 A、B、C、D 相，用软件控制 P1 口输出一脉冲序列，控制步进电动机的转速、方向、步距。同时为能观察步进电动机旋转状态，A、B、C、D 相输出到状态指示灯。

六、实验步骤

(1)“总线插孔”区的 P1.0～P1.3 孔接步进电动机的 BA～BD 孔,“发光二极管组”的 L0～L3孔接步进电动机 A、B、C、D 孔。P1.7 孔连 L7。

(2) 硬件诊断:Keil C 超级仿真器连微型计算机,在 WINDOWS 调试环境下打开特殊寄存器区,对 P1 口写入 55H 或 AAH,则 A 相、B 相、C 相、D 相四只状态指示灯分别正确对应写入的数据。对 P1 口依次写入 0F3H、0F6H、0FCH、0F9H,则应使步进电动机正转四步。对 P1 口依次写入 79H、7CH、76H、73H,则应使步进电动机反转四步。

(3) 编写程序、编译程序:用单步、全速断点、连续方式调试程序,观察数码管上数字变化,检查程序运行结果,观察步进电动机的转动状态,连续运行时用示波器测试 P1 口的输出波形,排除软件错误,直至达到本实验的设计要求。

七、程序框图

图 3.26 所示为步进电动机控制实验程序流程图。

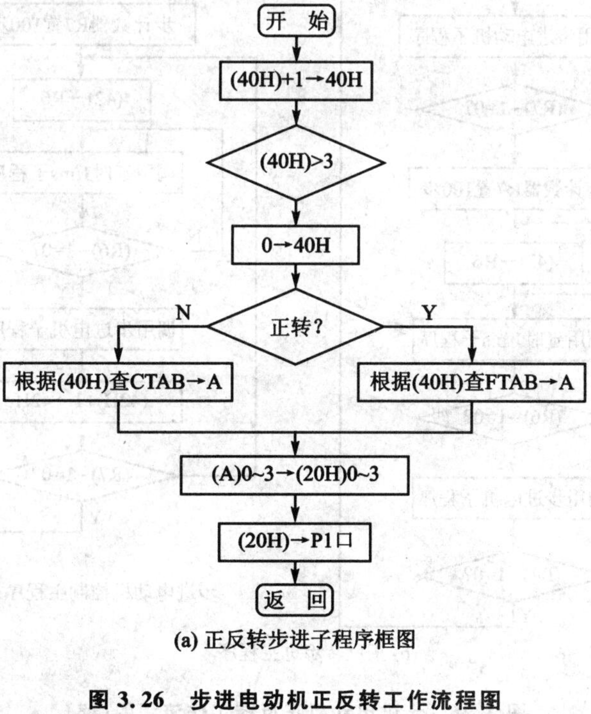

(a) 正反转步进子程序框图

图 3.26 步进电动机正反转工作流程图

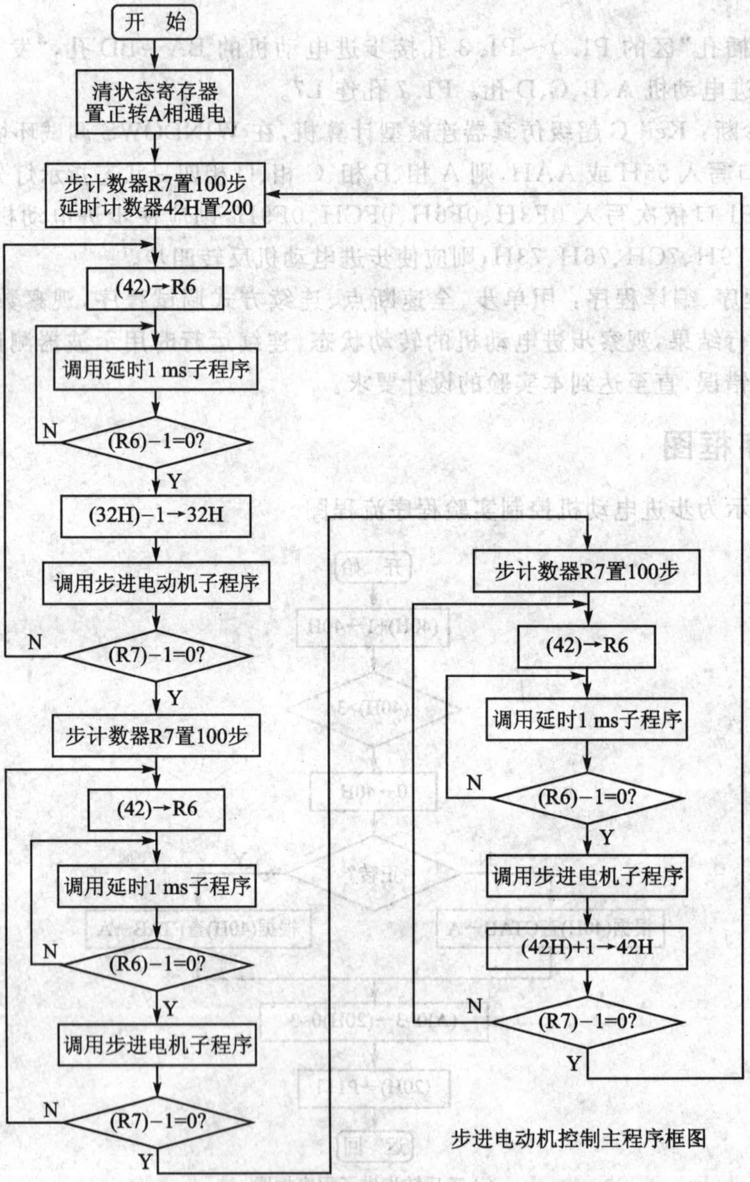

(b) 正反转步进主程序

图 3.26 步进电动机正反转工作流程图(续)

八、程序清单

步进电动机测试程序采用汇编语言和 C 语言编写。

1. 汇编语言源程序

```
        ORG     0000H
STRT:
        MOV     SP,#6FH         ;初始化
        MOV     20H,#0          ;状态寄存器清零
MOV     P1,#0F1H                ;正转 A 相通电
MLP:
        MOV     R7,#64H         ;R7 为步计数器,正转 100 步
        MOV     42H,#0C8H       ;42H 为延时计数器
MLP0:
        MOV     R6,42H          ;调用延时 200 ms 子程序
MLP9:
        LCALL   DEL
        DJNZ    R6,MLP9
        DEC     42H
        LCALL   STEPS           ;调用步进子程序
        DJNZ    R7,MLP0         ;以上为加速程序
        MOV     R7,#64H         ;以下为恒速程序
MLP1:
        MOV     R6,42H
MLPX:
        LCALL   DEL
        DJNZ    R6,MLPX
        LCALL   STEPS
        DJNZ    R7,MLP1
        MOV     R7,#64H         ;以下为减速程序
MLP2:
        MOV     R6,42H
MLPY:
        LCALL   DEL
        DJNZ    R6,MLPY
        LCALL   STEPS
        INC     42H
        DJNZ    R7,MLP2
        CPL     7
```

```
            LJMP     MLP
STEPS:
            INC      20H                     ;正反转步进子程序
            ANL      20H,#83H
            MOV      A,20H
            ANL      A,#3
            JB       7,STPSC
            MOV      DPTR,#FTAB
            SJMP     STPW
STPSC:
            MOV      DPTR,#CTAB
STPW:
            MOVC     A,@A+DPTR
            MOV      P1,A
            RET
FTAB:
            DB       0F3H,0F6H,0FCH,0F9H
CTAB:
            DB       79H,7CH,76H,73H
DEL:
            MOV      R5,#0                   ;延时子程序
DEL0:
            DJNZ     R5,DEL0
            RET
            END
```

2. C语言源程序

```
#include <reg51.h>
#define    A_STEP    0x01
#define    B_STEP    0x02
#define    C_STEP    0x04
#define    D_STEP    0x08
unsigned char DelayValue;
void Delay()
{
    unsigned char c,ct;
    ct = DelayValue;
    c  = 0x0;
    do
```

```
    {
        do
        {
            ;
        }while(--c);
    }while(--ct);
}
void main()
{
    unsigned char State=1,Count=0;
    while(1)
    {
        int n=0;
        DelayValue = 170;
        /*双四拍工作方式*/
        while(n++! =75)
        {
            P1 = A_STEP+B_STEP;
            Delay();
            P1 = B_STEP+C_STEP;
            Delay();
            P1 = C_STEP+D_STEP;
            Delay();
            P1 = D_STEP+A_STEP;
            Delay();
            if(DelayValue>20&&State ==1)        //24次,电动机的转速度一次比一次快
            {
                DelayValue = DelayValue-6;
            };
            if(DelayValue ==20&&Count<25)       //匀速运动,计25次
            {
                State=2;
                Count++;
            };
            if(State ==2&&Count ==25)           //保持上次状态运动一次
            {
                State=3;
                Count=0;
            };
```

```
        if(State ==3&&DelayValue<170)          //一次比一次慢,运动 24 次
        {
            DelayValue = DelayValue+6;
        };
        if(State ==3&&DelayValue ==170)       //保持上次状态运动一次
        {
            State=1;
        };
    };
    /*单四拍工作方式 */
    while((n--)! =0)
    {
            P1 = D_STEP+A_STEP;
            P1 =  P1|0x80;
            Delay();
            P1 = C_STEP+D_STEP;
            P1 = P1|0x80;
            Delay();
            P1 = B_STEP+C_STEP;
            P1 = P1|0x80;
            Delay();
            P1 = A_STEP+B_STEP;
            P1 = P1|0x80;
            Delay();
            if(DelayValue>20&&State==1)      //24 次,电动机的转速度一次比一次快
            {
                DelayValue = DelayValue-6;
            };
            if(DelayValue==20&&Count<25)  //匀速运动,记 25 次
            {
                State=2;
                Count++;
            };
            if(State == 2&&Count == 25)      //保持上次状态运动一次
            {
                State=3;
                Count=0;
            };
            if(State ==3&&DelayValue<170)  //一次比一次慢,运动 24 次
```

```
            {
                DelayValue = DelayValue+6;
            };
            if(State ==3&&DelayValue==170) //保持上次状态运动一次
            {
                State=1;
            };
        };
    };
}
```

3.11　电子琴实验

一、实验目的

了解发出不同音调声音的编程方法。

二、实验内容

利用实验仪上提供的键盘，使数字键 1、2、3、4、5、6、7 作为电子琴按键，按下即发出相应的音调。用 P1.0 口发出音频脉冲，驱动喇叭。把 P3.0 用导线连至“音响与合成”框 LM386 的 V_{in1} 插孔上。

三、实验设备与器材

(1) 超想-3000TB 综合实验仪　1 台
(2) Keil C 超级仿真器　1 台
(3) 连线　若干根
(4) 计算机　1 台

四、实验原理

我们知道，声音是由振动产生的，每个音符都对应了一个频率，如表 3.3 所列。利用定时/计数器 T0 并工作在 16 位定时方式，通过改变 TH0 和 TL0 的值，就可以产生不同频率的脉冲，例如想产生 523 Hz(音符 1 的发音)的脉冲，其周期为 1/523 Hz=1 912 μs，因此只要让 T0 定时 956 μs 后，使 P1.0 取反，就可以在 P1.0 引脚上输出一个频率为 523 Hz 的脉冲。若晶振的频率为 6 MHz，则计数值为 956 μs/2=478 Hz，而计数器的初值为 65 536－478=65 058=0FF22H，即 TH0=0FFH，TL0=22H。这样每个音符都对应了一个 T 值，6 MHz 晶振时各

音符的 T 值如表 3.4 所列。

表 3.4 音符频率以及 6 MHz 晶体时对应的 T 值表

音 符	频率/Hz	T 值	音 符	频率/Hz	T 值
1	262	64 582	1	523	65 058
2	294	64 685	2	578	65 110
3	330	64 778	3	659	65 156
4	349	64 819	4	698	65 178
5	392	64 898	5	784	65 217
6	440	64 968	6	880	65 252
7	494	65 030	7	988	65 283

另一方面,每个音符的发音长度,各调节拍与时间的设定如表 3.5 所列。

表 3.5 调值与节拍延时时间关系表

曲调值	1/4 拍时间	1/8 拍时间
调 4/4	125 ms	62 ms
调 3/4	187 ms	94 ms
调 2/4	250 ms	125 ms

五、实验接线图

图 3.27 为电子琴实验接线图。

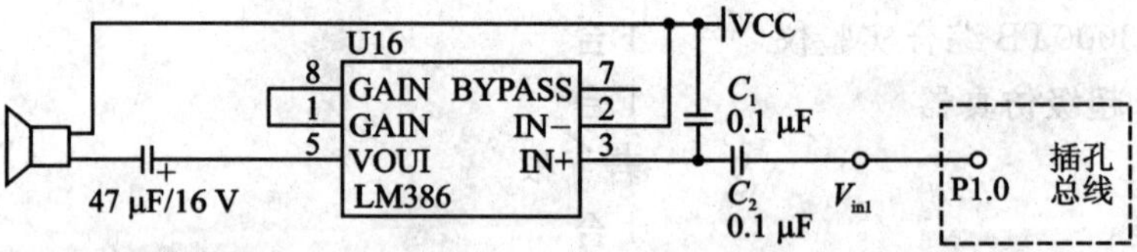

图 3.27 电子琴实验接线图

六、程序清单

电子琴实验工作源程序采用汇编语言和 C 语言编写。

1. 汇编语言源程序

```
        OUTBIT      EQU 0E101H
```

```
        IN          EQU 0E103H
        PULSE       EQU 0
        PULSECNT    EQU 50H
        TONEHIGH    EQU 51H
        TONELOW     EQU 52H

        LJMP        STAR
MIAN:   DB          00H, 00H, 00H, 00H, 00H, 00H, 00H, 00H
MIAN1:  DB          02H, 00H,0D0H
INTS1:  MOV         DPTR,#0E100H
        MOV         A,#03H
        MOVX        @DPTR,A
        MOV         TMOD,#01H
        MOV         IE,#82H
INTS2:  MOV         A,#0FFH
        JZ          INTS2
        LCALL       KEY1
        MOV         R4,07H
        MOV         A,R4
        CLR         C
        SUBB        A,#01H
        JC          INTS2
        MOV         A,R4
        SETB        C
        SUBB        A,#07H
        JNC         INTS2
        MOV         A,R4
        ADD         A,ACC
        ADD         A,#0C0H
        MOV         DPL,A
        CLR         A
        ADDC        A,#00H
        MOV         DPH,A
        CLR         A
        MOVC        A,@A+DPTR
        MOV         R2,A
        MOV         A,#01H
        MOVC        A,@A+DPTR
        MOV         R3,A
```

```
        MOV     A,R2
        MOV     09H,A
        MOV     08H,#00H
        MOV     0AH,#00H
        MOV     0BH,R3
        MOV     TH0,A
        MOV     TL0,0BH
        SETB    TR0
        MOV     0CH,#0C8H
KEY:    MOV     A,0CH
        JNZ     KEY
        CLR     TR0
        SJMP    INTS2
KEY1:   MOV     R7,#06H
        MOV     R6,#20H
KEY2:   MOV     A,R6
        CPL     A
        MOV     DPTR,#0E101H
        MOVX    @DPTR,A
        MOV     A,R6
        CLR     C
        RRC     A
        MOV     R6,A
        MOV     DPTR,#0E103H
        MOVX    A,@DPTR
        CPL     A
        ANL     A,#0FH
        MOV     R5,A
        DEC     R7
        MOV     A,R7
        JZ      KEY3
        MOV     A,R5
        JZ      KEY2
KEY3:   MOV     A,R5
        JZ      TONE3
        MOV     A,R7
        ADD     A,ACC
        ADD     A,ACC
        MOV     R7,A
```

```
        MOV     A,R5
        JNB     ACC.1,TONE
        INC     R7
        SJMP    TONE2
TONE:   MOV     A,R5
        JNB     ACC.2,TONE1
        INC     R7
        INC     R7
        SJMP    TONE2
TONE1:  MOV     A,R5
        JNB     ACC.3,TONE2
        INC     R7
        INC     R7
        INC     R7
TONE2:  MOV     DPTR,#0E101H
        CLR     A
        MOVX    @DPTR,A
        MOV     A,R7
        MOV     DPTR,#00AAH
        MOVC    A,@A+DPTR
        MOV     R7,A
        RET
TONE3:  MOV     R7,#0FFH
        RET
Q00AA:  DB 00H, 01H, 04H, 07H, 0FH, 02H, 05H, 08H
Q00B2:  DB 0EH, 03H, 06H, 09H, 0DH, 0CH, 0BH, 0AH
Q00BA:  DB 10H, 10H, 10H, 10H, 10H, 10H, 10H, 10H
Q00C2:  DB 0FCH, 42H,0FCH,0AEH,0FDH, 0AH,0FDH, 35H
Q00CA:  DB 0FDH, 82H,0FDH,0C8H,0FEH, 05H,0C0H,0D0H
Q00D2:  DB 0C2H, 8CH, 85H, 09H, 8CH, 85H, 0BH, 8AH
Q00DA:  DB 0D2H, 8CH,0A2H, 00H, 92H, 90H,0B2H, 00H
Q00E2:  DB 15H, 0CH,0D0H,0D0H, 32H, 90H,0E1H, 01H
Q00EA:  DB 0E4H,0F0H, 90H,0E1H, 03H,0E0H,0F4H, 54H
Q00F2:  DB 0FH,0FFH, 22H      ;.."
STAR:   MOV     R0,#7FH
        CLR     A
STAR1:  MOV     @R0,A
        DJNZ    R0,STAR1
        MOV     SP,#20H
```

```
        LJMP      INTS1
END
```

2. C语言源程序

```
#include <reg51.h>
#include <absacc.h>
#define MODE     0x03
#define CADDR    XBYTE[0xe100]          //命令控制口
#define OUTBIT   XBYTE[0xe101]          //位控制口
#define IN       XBYTE[0xe103]          //键盘读入口

code unsigned char KeyTable[] = {
    0X00, 0X01, 0X04, 0X07,
    0X0f, 0X02, 0X05, 0X08,
    0X0e, 0X03, 0X06, 0X09,
    0X0d, 0X0c, 0X0b, 0X0a,
    0X10, 0X10, 0X10, 0X10,
    0X10, 0X10, 0X10, 0X10,
};
unsigned char TestKey()
{
    OUTBIT = 0;
    return (~IN & 0x0f);
}
unsigned char GetKey()
{
  unsigned char Pos;
  unsigned char i;
  unsigned char k;
  i = 6;
  Pos = 0x20;
  do
  {
        OUTBIT = ~ Pos;
        Pos >>= 1;
        k = ~IN & 0x0f;
  } while ((--i != 0) && (k == 0));
  if (k != 0)
  {
```

```
            i = i * 4;
            if (k & 2)
                i = i +1;
            else if (k & 4)
                i = i +2;
            else if (k & 8)
                i = i +3;
            OUTBIT = 0;
            return(KeyTable[i]);
    }
    else
    {
      return(0xff);
    };
}
/*==========================================*/
unsigned char PulseCNT;
bit PULSE;
sbit SPEAKER= P1^0;
unsigned char ToneHigh, ToneLow;

code unsigned int ToneTable[7] = {
  64578, 64686, 64778, 64821, 64898, 64968, 65029
};

void Timer() interrupt 1using 1
{
  TR0 = 0;
  TH0 = ToneHigh;
  TL0 = ToneLow;
  TR0 = 1;
  SPEAKER= PULSE;
  PULSE= ! PULSE;
  PulseCNT --;
}
void main()
{
  unsigned char Key;
  CADDR   = MODE;
```

```
    TMOD = 0x01;                                  //方式 1 ,计时器
    IE      = 0x82;                               //EA=1, IT0=1
    while (1)
    {
        while (! TestKey())
        {
            ;
        };                                        //等按键
      Key = GetKey();
      if ( (Key >= 1) && (Key <= 7) )
      {
        ToneHigh = ToneTable[Key - 1] >> 8;
        ToneLow = ToneTable[Key - 1] & 0xff;
        TH0 = ToneHigh;
        TL0 = ToneLow;
        TR0 = 1;
        PulseCNT = 200;
        while (PulseCNT ! = 0) ;                  //发 100 个脉冲
        TR0 = 0;
      };
    };
}
```

第 4 章　提高性实验

4.1　电子时钟(定时/计数器定时实验)

一、实验目的

(1) 进一步掌握定时器和中断处理程序的编程方法。

(2) 进一步掌握数码显示电路的驱动方法。

二、实验内容

利用 CPU 的定时器和实验仪上提供的数码显示电路,设计一个电子时钟。

三、实验设备与器材

(1) 超想-3000TB 综合实验仪	1 台
(2) Keil C 超级仿真器	1 台
(3) 计算机	1 台

四、实验原理

MCS51 单片机有两个 16 位的定时/计数器 T0 和 T1。当工作在定时方式时,计数脉冲来自单片机内部,振荡器信号经 12 分频后作计数脉冲,每个机器周期的时间使计数器加 1,由于计数脉冲的频率是固定的(即每个脉冲为 1 个机器周期的时间),故可通过设定计数值来实现定时功能。如要实现定时 100 μs,当晶振为 6 MHz 时,每个机器周期为 2 μs,让 T0 计 50 个数后溢出,产生中断告诉 CPU 定时 100 μs 时间到。本实验定时器每 100 μs 中断一次,在中断服务程序中,对中断次数进行计数,100 μs 计数 10 000 次就是 1 s。然后再对秒计数得到分和小时值,并送入显示缓冲区。

五、实验接线图

见第三部分附录的“8155 键显模块”。

六、程序框图

图 4.1 为电子时钟(定时/计数器定时)实验的工作流程图。

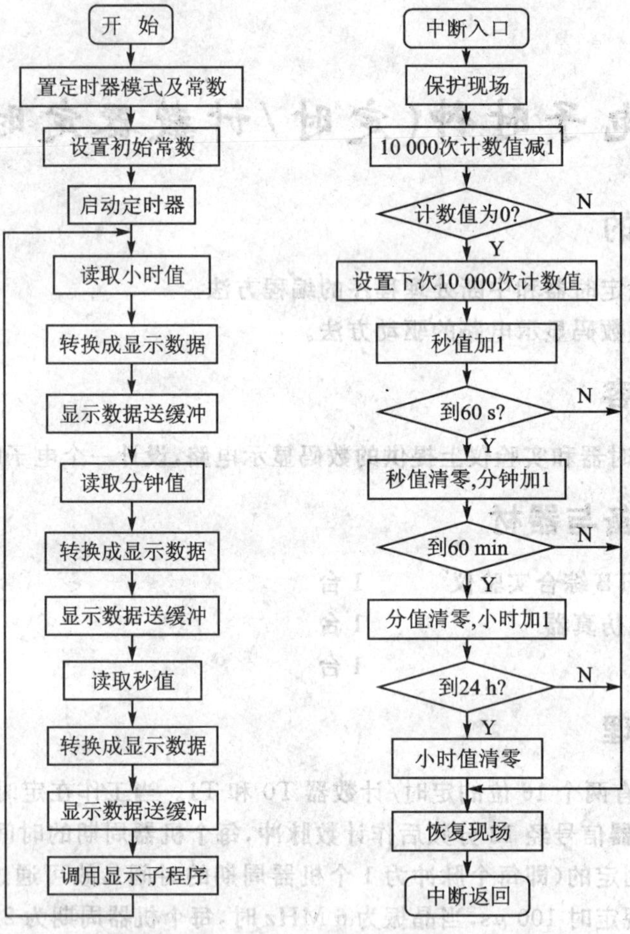

主程序框图　　100 μs定时中断服务子程序

图 4.1　电子时钟工作流程

七、程序清单

```
#include <reg51.h>
#include <absacc.h>
#define LEDLEN        6                    //定义数码管个数
#define MODE          0x03                 //8155 工作模式
```

```
#define CADDR       XBYTE[0xe100]      //8155 控制字地址
#define OUTBIT      XBYTE[0xe101]      //PA 口地址
#define CLK164      XBYTE[0xe102]      //段控制口(接 74LS164 时钟位)
#define DAT164      XBYTE[0xe102]      //段控制口(接 74LS164 数据位)
unsigned char LEDBuf[LEDLEN];          //显示缓冲
code unsigned char LEDMAP[] = {        //八段数码管显示码
  0x3f, 0x06, 0x5b, 0x4f, 0x66, 0x6d, 0x7d, 0x07,
  0x7f, 0x6f, 0x77, 0x7c, 0x39, 0x5e, 0x79, 0x71
};
void Delay(unsigned char CNT)          //延时子程序
{
  unsigned char i;
  while (CNT-- ! =0)
      {
          for (i=100;i ! =0;i--);
      };
}
void DisplayLED()                      //显示程序
{
  unsigned char i, j;
  unsigned char Pos;
  unsigned char LED;
  CADDR = MODE;
  Pos = 0x20;                          //从左边开始显示
  for (i = 0;i < LEDLEN;i++)
  {
      OUTBIT = 0;                      //关所有八段数码管
      LED = LEDBuf[i];
      for (j = 0;j < 8;j++)
      {                                //送 74LS164
          if (LED & 0x80)
              {
                DAT164 = 1;
              }
          else
              {
                DAT164 = 0;
              };
          CLK164 = CLK164| 0x02;
```

```
            CLK164 = CLK164 & 0xfd;
            LED <<= 1;
        };
        OUTBIT = Pos;                               //显示一位八段数码管
        Delay(1);
        Pos >>= 1;                                  //显示下一位
    };
}
/*==================================================================*/
#define TICK        10000                           //10 000×100 μs=1 s
#define T100US      (256 - 50)                      //100 μs 时间常数(6 MHz)
unsigned char Hour, Minute, Second;
unsigned int C100us;                                //100 μs 计数单元
void T0Int() interrupt 1using 1
{
    C100us --;
    if (C100us== 0)
    {
        C100us = TICK;                              //100 μs 计数器为 0,重置计数器
        Second++;
        if (Second == 60)
        {
            Second = 0;
            Minute++;
            if (Minute == 60)
            {
                Minute = 0;
                Hour++;
                if (Hour == 24)
                    Hour = 0;
            };
        };
    };
}
void main()
{
    TMOD = 0x02;                                    //方式 2,定时器
    TH0  = T100US;
    TL0  = T100US;
```

```
    IE   = 0x82;                                    //EA=1, IT0 = 1
    Hour   = 0;
    Minute = 0;
    Second = 0;
    C100us = TICK;
    TR0   = 1;                                      //启动定时器 0
    while (1)
    {
      LEDBuf[0] = LEDMAP[Hour/10];
      LEDBuf[1] = LEDMAP[Hour%10] | 0x80;
      LEDBuf[2] = LEDMAP[Minute/10];
      LEDBuf[3] = LEDMAP[Minute%10] | 0x80;
      LEDBuf[4] = LEDMAP[Second/10];
      LEDBuf[5] = LEDMAP[Second%10];
      DisplayLED();
    };
}
```

八、调试方法

本实验为实时 I/O 实验，因此软件调试一般用全速断点方式运行。将断点分别设在定时器中断入口地址上、中断处理程序结束处和主程序中，分别以全速断点运行方式开始运行，若都能碰到断点，则说明程序的总体结构是正确的。

4.2　双机通信实验

一、实验目的

(1) 掌握单片机串行口工作方式的程序设计及简单三线式通信的方法。

(2) 了解实现串行通信的硬环境、数据格式的协议、数据交换的协议。

(3) 学习串行口通信中断方式程序的编写方法。

二、实验内容

利用 8051 单片机串行口，实现两个实验台之间的串行通信。其中一个实验台作为发送方，另一个作为接收方。发送方读入按键值，并发送给接收方，接收方收到数据后在 LED 上显示。

三、实验设备与器材

(1) 超想-3000TB 综合实验仪　　　1 台
(2) Keil C 超级仿真器　　　1 台
(3) 连线(包括随机的通信电缆)　　　若干根
(4) 计算机　　　1 台

四、实验原理

8051 单片机内部有一个可编程的全双工串行接口,它在物理上分为两个独立的发送缓冲器和接收缓冲器 SBUF,这两个缓冲器占用一个特殊功能寄存器 99H,究竟是发送缓冲器工作,还是接收缓冲器工作可由软件指令来决定的。8051 单片机对外有两条独立的收、发信号线 RXD(P3.0)和 TXD(P3.1),因此可以同时接收和发送数据,实现全双工传送,使用串行口时可以用定时器 T1 或 T2 作为波特率发生器。

本实验实现的是基于 RS-232 标准的双机通信。两个相互通信的实验台之间的 RXD、TXD 是通过兼容 RS-232 标准的芯片 MAX-232 连接在一起的,两者间的通信要经过电平转换,即输出时要将 TTL 电平转换成 RS-232 电平,输入时要将 RS-232 电平转换为 TTL 电平。

其中,MAX 232 是由德州仪器公司(TI)推出的一款兼容 RS-232 标准的芯片。该器件包含 2 个驱动器、2 个接收器和 1 个电压发生器电路提供 TIA/EIA-232-F 电平。该器件符合 TIA/EIA-232-F 标准,每个接收器将 TIA/EIA-232-F 电平转换成 5 V 的 TTL/CMOS 电平,每个发送器将 TTL/CMOS 电平转换成 TIA/EIA-232-F 电平。

五、实验接线图

图 4.2 为双机通信实验接线图。

六、实验步骤

(1) 把甲机的 RX1、TD1 孔分别连甲机的 P3.0、P3.1 孔,乙机的 RX1、TD1 孔也分别连乙机的 P3.0、P3.1 孔。甲机的 RS-232 插座 3、2 连乙机 RS-232 插座 2、3,两机的地线相连。可直接用随机的通信电缆连接。双机通信实验接线图如图 4.2 所示。

(2) 设计程序,分别在甲机、乙机上运行。然后,在甲机键盘上按下 0~F 键,应在乙机上的 8155 键显区数码管上显示相应的值。

(3) 若把 P3.0、P3.1 孔直接相连,则按键值在本机的数码管上显示出来。

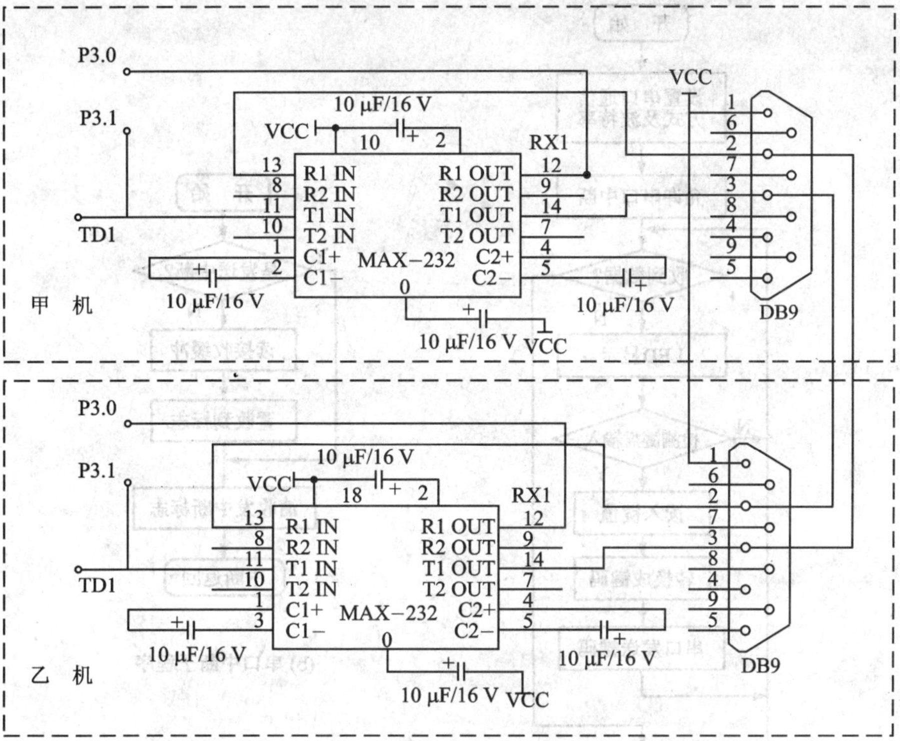

图 4.2　双机通信实验接线图

七、程序框图

图 4.3 为双机通信实验程序流程图。

八、程序清单

注意：如果要实现本机发送和接收，在下载前不要将 RXD、TXD 连在一起；下载完程序后将仿真器与微型计算机串口断开。

```
#include<reg51.h>
#include<absacc.h>
#define LEDLEN
#define CADDR      XBYTE[0xe100]  //8155 命令字端口
#define OUTBIT     XBYTE[0xe101]  //位控制口，8155A 口地址
#define CLK164     XBYTE[0xe102]  //段控制口（接 74LS164 时钟位），指向 8155B 口地址
#define DAT164     XBYTE[0xe102]  //段控制口（接 74LS164 数据位），指向 8155B 口地址
#define KEYIN      XBYTE[0xe103]  //键盘读入口，指向 8155C 口地址
```

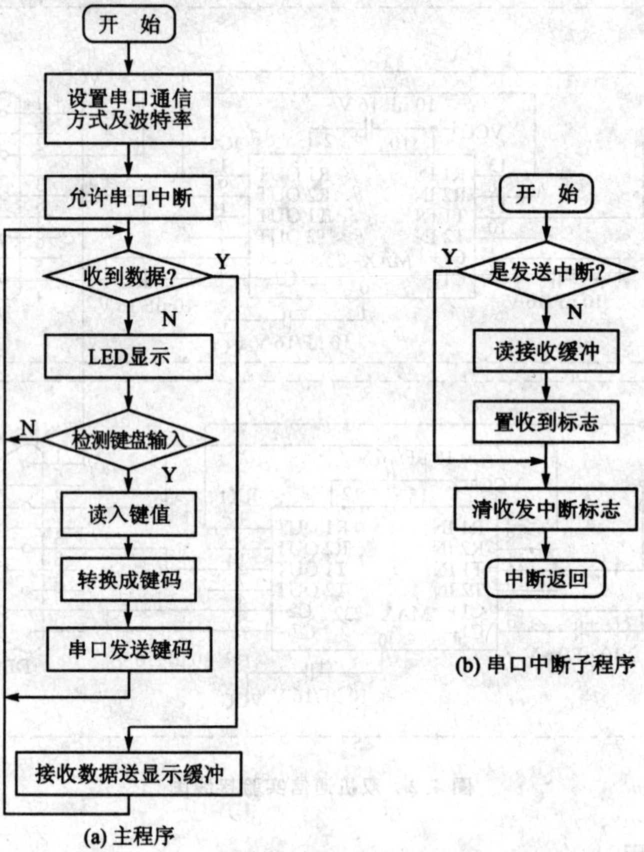

图 4.3 双机通信实验程序流程图

```
bit FRCV;                                    //接收标志位
unsigned char LEDBuf[LEDLEN];                //显示缓冲
unsigned char RCVBuf;                        //接收缓冲
code unsigned char LEDCode[] = {             //八段数码管显示码
      0x3f, 0x06, 0x5b, 0x4f, 0x66, 0x6d, 0x7d, 0x07,
      0x7f, 0x6f, 0x77, 0x7c, 0x39, 0x5e, 0x79, 0x71
};
void Delay(unsigned char CNT)                //延时子程序
{
    unsigned char i;
    while (CNT-- != 0)
    {
        for (i=100;i != 0;i--);
```

```
    };
}
void DisplayLED()                                    //LED 显示驱动程序
{
        unsigned char i, j;
        unsigned char BitC;
        unsigned char LED;
        BitC = 0x20;                                 //从右边开始显示
        for (i = 0;i < LEDLEN;i++)
        {
            OUTBIT = 0;                              //关所有八段数码管
            LED = LEDBuf[i];
            for (j = 0;j < 8;j++)
            {
                if (LED & 0x80)
                    {
                        DAT164 = 1;                  //段码送 74LS164
                    }
                else
                    {
                        DAT164 = 0;
                    };
                CLK164 = CLK164|0x02;                //PB1 口输出高电平
                CLK164 = CLK164&0xfd;                //PB1 口输出低电平
                LED <<= 1;                           //段码左移
            };
            OUTBIT = BitC;                           //输出位控制信号,显示一位八段数码管
            Delay(1);
            BitC >>= 1;                              //显示下一位
        };
}
code unsigned char KeyTable[]={                      //键盘码定义
                0x00, 0x01, 0x04, 0x07,
                0x0f, 0x02, 0x05, 0x08,
                0x0e, 0x03, 0x06, 0x09,
                0x0d, 0x0c, 0x0b, 0x0a,
                0x10, 0x10, 0x10, 0x10,
                0x10, 0x10, 0x10, 0x10
};
```

```
unsigned char MoniKey()                     //判断键有无按下
{
        OUTBIT = 0;
        return (~KEYIN & 0x0f);
}
unsigned char GetKey()                      //读取键值
{
        unsigned char GetNum;
        unsigned char i;
        unsigned char k;
        i=6;
        GetNum = 0x20;
        do
        {
            OUTBIT = ~ GetNum;              //扫描列,得到列值
            GetNum >>= 1;
            k = ~ KEYIN& 0x0f;
        }while((--i! =0)&&(k==0));          //六列没有扫描完,且没扫描到按下键则继续扫描
        if(k! =0)
        {                                   //有键按下
            i * =4;
            if(k&2)
               i+=1;
            else if(k&4)
               i+=2;
            else if(k&8)
               i+=3;
            OUTBIT =0;                      //撤销所有列输出线
            do
            {
               Delay(10);
            }while(MoniKey());              //等待键释放
            return (KeyTable[i]);
        }
        else
        {
           return(0xff);                    //没键按下,返回 0xff
        };
 }
```

```
void main(void)
{
    CADDR   = 0x03;                 //8155 初始化
    IE      = 0x00;                 //关中断
    TMOD    = 0x20;                 //定时器 1 工作于方式 2(8 位重装)
    TH1     = 0x0f3;                //设预置值,波特率为 2 400 b/s(12 MHz)
    TL1     = 0x0f3;
    PCON    = 0x00;                 //SMOD 位清零
    SCON    = 0x50;                 //串行口工作于方式 1,10 位 UART,允许接收
    LEDBuf[0] = 0x77;               //八段数码管初始化显示 RS-232.1
    LEDBuf[1] = 0x6d;
    LEDBuf[2] = 0x5b;
    LEDBuf[3] = 0x4f;
    LEDBuf[4] = 0x0db;
    LEDBuf[5] = 0x06;
    TR1 = 1;                        //启动定时器 1
    ES  = 1;                        //允许串行口中断
    EA  = 1;                        //开中断
    while(1)
    {
      while(FRCV)                   //收到数据
      {
          FRCV = 0;
          LEDBuf[5]=LEDCode[RCVBuf&0x0f];
      };
      DisplayLED();                 //显示数据
      while(MoniKey())              //判断是否有键入
      {
          SBUF = (GetKey()&0x0f);
      };
    };
}
void RS_INT(void) interrupt 4 using 1   //中断服务程序
{
    EA = 0;                         //关中断
    if(! TI)
    {
        RI      = 0;
        RCVBuf = SBUF;
```

```
        FRCV  = 1;
    };
    TI = 0;
    EA = 1;                              //开中断
}
```

4.3 力测量实验

一、实验目的

(1) 了解力—电信号转换的基本工作原理。

(2) 掌握 ADC0809 的使用方法，提高数据处理程序的设计和调试能力。

二、实验内容

(1) 设定工作模式为程序空间在仿真器上，数据空间在用户板上。

(2) “译码器”的 YC2 孔连数模转换器 AD0809 的 CS09 孔，“脉冲源”的 0.5 MHz 孔连 AD0809 的 CLOCK 孔，IN0 孔(AD0809 的 0 通道)连 AN0 孔(压力传感器的输出孔)。

(3) 硬件调试时在弹性元件表面施加一力。

超想-3000TB+Keil C 超级仿真器连微型计算机，在 Windows 调试环境下打开数据存储器区，在 0A000H 地址上写入 00H(即选择 AD0809 的 0 通道)，以启动 AD0809 对 IN0 上输入电压进行 A/D 转换，然后按右键，弹出一窗口，单击“刷新”按钮，读出 AD 转换结果。

(4) 输入程序并编译：在读取 AD 转换指令后设置断点，在弹性元件表面施加一力后全速运行；若程序运行时碰到断点，可检查读出 A/D 的转换结果，看其数据是否与 Vin0 相对应，否则应检查程序或硬件。再全速运行程序，修改程序错误，使超想-3000TB 综合实验仪显示值随力的大小而变化，直至达到本实验的要求。

(5) 可通过“压力传感器”框中的电位器，对电桥进行零点平衡调节。

三、实验设备与器材

(1) 超想-3000TB 综合实验仪	1 台
(2) Keil C 超级仿真器	1 台
(3) 连线	若干根
(4) 计算机	1 台

四、实验原理

编写并调试出一个实验程序，其功能是：如果将一力施加于压力传感器金属弹性元件表面，超想－3000TB 综合实验仪上数码管显示力的数据，并随力的大小而变化。

将金属丝电阻应变片粘贴在弹簧片的表面，弹簧片在力的作用下发生形变，而电阻应变片也随着弹簧片一起变形，这将导致电阻应变片电阻的变化。弹簧片受的力越大，形变也越大，电阻应变片电阻值的变化也越大；测量出电阻应变片电阻的变化，就可以计算出弹簧片受力的大小。

图 4.4 所示应变片电桥测量电路。该电路由电阻应变片 R_1 和另外三个电阻 R_2、R_3、R_4 构成桥路。当电桥平衡时（即电阻应变片未受力作用时），$R_1=R_2=R_3=R_4=R$，此时电桥的输出 $U_0=0$，当应变受力后，R_1 发生变化，使 R_1、$R_3 \neq R_2$、R_4，电桥输出 $U_0 \neq 0$，并有：

$$U_0 \approx \pm \frac{1}{4} \cdot \frac{\Delta R}{R} U \approx \pm \frac{K_0 \varepsilon}{4} U$$

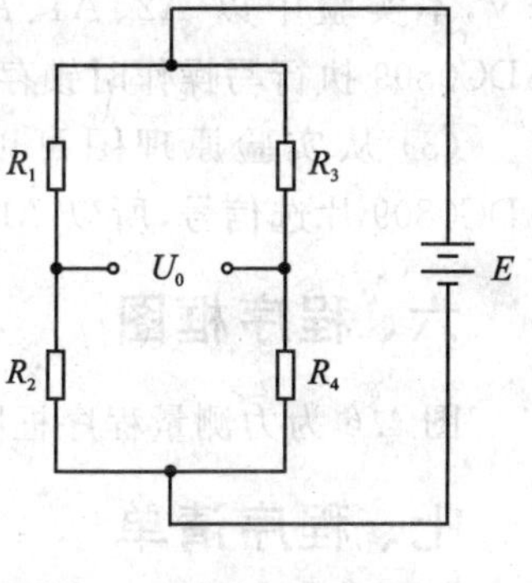

图 4.4 应变片电桥测量电路

五、实验接线图

力测量实验接线图如图 4.5 所列。

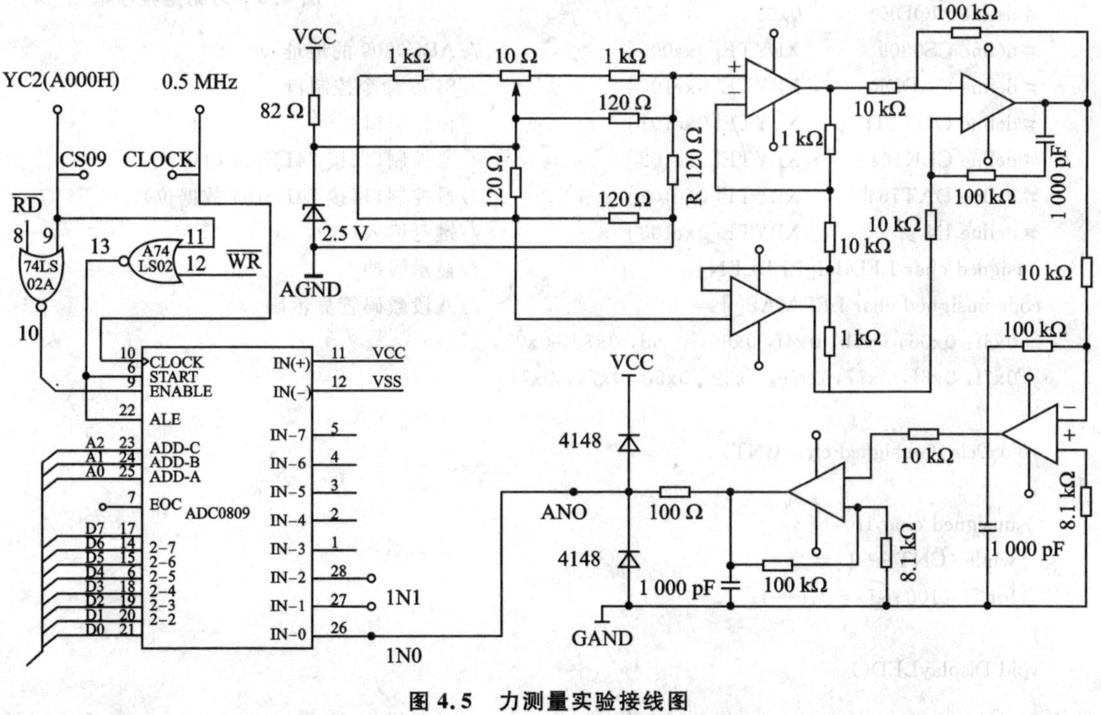

图 4.5 力测量实验接线图

注 意：

（1）当在应变片上施加一力时，引起电桥不平衡，由此而将压力信号转换为微弱的电压信号，经 LM324 运算放大器，把信号放大至 0～5 V，作为 ADC0809 输入信号。

（2）ADC0809 能与 CPU 直接接口，其输入电压为 0～5 V，本实验中以 A2、A1、A0 作为通道地址线，CPU 对 ADC0809 执行写操作时锁存通道地址。

（3）从实验原理图可以看出"译码器"的 YC2 作为 ADC0809 片选信号，所以 ADC0809 地址为 0A000H。

六、程序框图

图 4.6 为力测量程序框图。

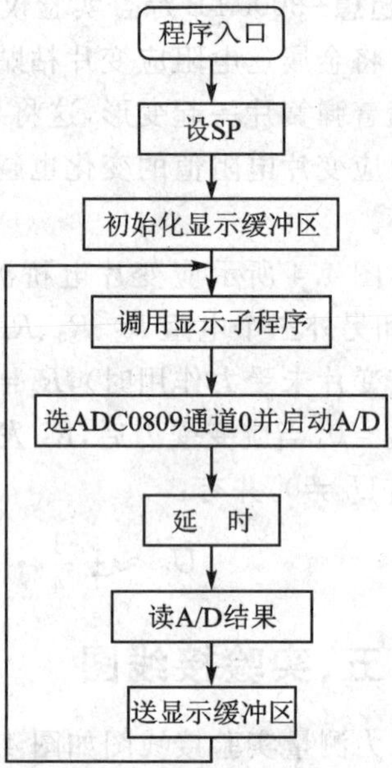

图 4.6 力测量程序框图

七、程序清单

```
#include <absacc.h>
#define LEDLEN      6
#define MODE        0x03
#define CS0809      XBYTE[0xa000]      //ADC0809 的地址
#define CADDR       XBYTE[0xe100]      //8155 命令控制口
#define OUTBIT      XBYTE[0xe101]      //位控制口
#define CLK164      XBYTE[0xe102]      //段控制口(接 74LS164 时钟位)
#define DAT164      XBYTE[0xe102]      //段控制口(接 74LS164 数据位)
#define IN          XBYTE[0xe103]      //键盘读入口
unsigned char LEDBuf[LEDLEN];          //显示缓冲
code unsigned char LEDMAP[] = {        //八段数码管显示码
  0x3f, 0x06, 0x5b, 0x4f, 0x66, 0x6d, 0x7d, 0x07,
  0x7f, 0x6f, 0x77, 0x7c, 0x39, 0x5e, 0x79, 0x71
};
void Delay(unsigned char CNT)
{
  unsigned char i;
  while (CNT-- != 0)
  for (i=100;i != 0;i--);
}
void DisplayLED()
{
  unsigned char i, j;
```

```
    unsigned char Pos;
    unsigned char LED;
    Pos = 0x20;                              //从左边开始显示
    for (i = 0;i < LEDLEN;i++)
    {
      OUTBIT = 0;                            //关所有八段数码管
      LED = LEDBuf[i];
      for (j = 0;j < 8;j++)
      {                                      //送 74LS164
        if (LED & 0x80)
            {
                DAT164 = 1 ;
            }
        else
            {
                DAT164 = 0 ;
            };
        CLK164 = CLK164| 0x02;
        CLK164 = CLK164& 0xfd;
        LED <<= 1;
        };
      OUTBIT = Pos;                          //显示一位八段数码管
      Delay(1);
      Pos >>= 1;                             //显示下一位
   };
   OUTBIT = 0;                               //关所有八段数码显示管
  }
unsigned char Read0809()
  {
   unsigned char i;
   CS0809 = 0;                               //启动 A/D
   for (i=0;i<0x20;i++) ;                    //延时>100 μs
   return(CS0809);                           //读入结果
  }
void main()
  {
     unsigned char j;
     CADDR= MODE;
     while(1)
```

```
    {
        LEDBuf[0] = 0Xf1;
        LEDBuf[1] = 0X40;
        LEDBuf[2] = 0X40;
        LEDBuf[3] = 0X40;
        LEDBuf[4] = 0X00;
        LEDBuf[5] = 0X00;
        LEDBuf[5] = LEDMAP[Read0809() & 0x0f] ;
        LEDBuf[4] = LEDMAP[Read0809()>>4 & 0x0f] ;
        for(j=0;j<5;j++);                    //延时
        DisplayLED();
    };
}
```

4.4 V/F 压频转换实验

一、实验目的

(1) 了解 LM331 将电压转换为频率的基本工作原理。

(2) 熟悉 8031 内部定时/计数器的使用方法。

二、实验内容

(1) 把"模拟信号发生器"的 V_{in0} 孔连到 V/F 转换电路 LM331 的 V2 孔,V/F 转换电路 LM331 的 f_{out} 孔连"分频器"的 f_{in} 孔,分频器的 $f_{in}/2$ 孔连"总线插孔"的 P3.5(定时器 T1)孔。

(2) 设定仿真模式为程序空间在仿真器上,数据空间在用户板上。

(3) 硬件调试:超想-3000TB 综合实验仪加电以后,用示波器在 V/F 转换电路的 f_{out} 孔即可观察到一脉冲波形,转动"模拟信号发生器"的电位器,输出脉冲频率会发生变化。

(4) 编辑程序并编译程序:首先将断点设置在中断服务程序入口地址上,运行程序时如果响应断点,则表明中断初始化程序正确,如果碰不到断点则应检查本实验初始化程序部分软件是否有错。将断点设在中断服务程序体中,检查 T1 计数是否跟随输入信号作相应变化。再调试二进制转十进制子程序。调试程序,排除软件错误,观察 6 位显示器显示数字与输入信号是否对应变化,不断修改程序,直至达到设计要求。

三、实验设备与器材

(1) 超想-3000TB 综合实验仪　　1 台

(2) Keil C 超级仿真器　　1 台
(3) 连线　　若干根
(3) 计算机　　1 台

四、实验原理

把电压转换成脉冲，用计数器进行测频并在超想-3000TB 综合实验仪上的数码管上显示出来，实现频率计功能。

把模拟信号送 LM331 进行压频转换，然后将 8031 定时器 T0 设为定时状态，T1 设为计数状态，对脉冲信号进行计数。定时读取 T1 计数值，经二进制到 十进制转换后送显示器进行显示。本实验中 8031 定时器 T0 为定时方式，T1 为计数方式，方式字 51H。

五、实验接线图

图 4.7 为 V/F 压频实验接线图。

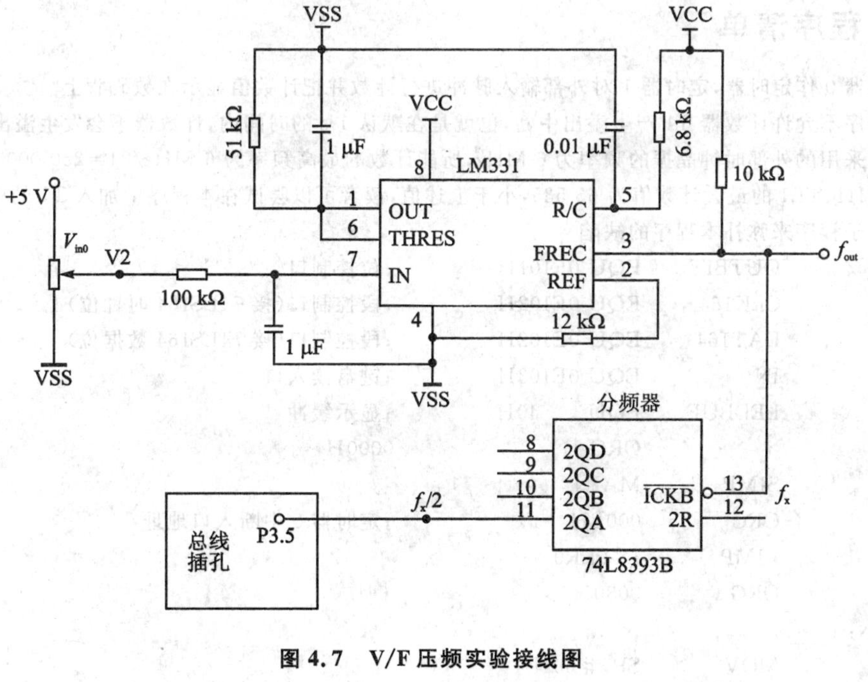

图 4.7　V/F 压频实验接线图

六、程序框图

图 4.8 为 V/F 压频转换实验的中断处理程序流程图。图 4.9 为 V/F 压频转换实验的主程序流程图。

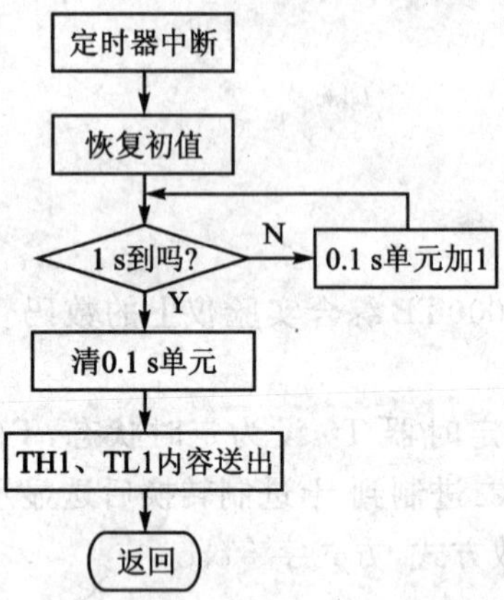

图 4.8 V/F 压频转换实验的中断处理程序流程图

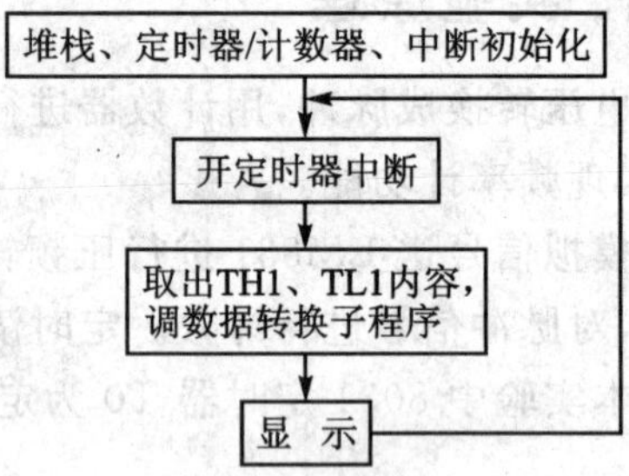

图 4.9 V/F 压频转换实验主程序流程图

七、程序清单

```
;定时器 0 作定时器,定时器 1 对外部输入脉冲进行计数并把计数值显示在数码管上
;本程序不允许计数器 T1 产生溢出中断,也就是在默认 1 s 的时间内,计数器不会发生溢出
;假设采用的外部时钟晶振的频率为 6 MHz,所能计数的最高频率为 6 MHz/24=250 000 Hz
;而 TH1、TL1 的最大计数值为 65 535,小于上述值,读者可以尝试在本程序中加入 T1 的中断
;服务子程序来弥补本程序的缺陷
        OUTBIT   EQU 0E101H      ;位控制口
        CLK164   EQU 0E102H      ;段控制口(接 74LS164 时钟位)
        DAT164   EQU 0E102H      ;段控制口(接 74LS164 数据位)
        IN       EQU 0E103H      ;键盘读入口
        LEDBUF   EQU    40H      ;显示缓冲
                 ORG             0000H
        SJMP     MAIN
        ORG      000BH           ;定时器 0 中断入口地址
        LJMP     INTER0
        ORG      0030H
MAIN:
        MOV      SP,#60H
        MOV      DPTR,#0E100H    ;8155 初始化
        MOV      A,#03H
        MOVX     @DPTR,A
        MOV      TMOD,#51H       ;定时器初始化
        MOV      TH0,#3CH        ;时钟晶振频率为 6 MHz,定时时间为 0.1 s
```

```
        MOV     TL0,#0B0H
        MOV     TL1,#00H            ;初始化计数器初值为 0
        MOV     TH1,#00H
        MOV     23H,#00H            ;定时器中断次数计数器清零
        ORL     IE,#82H             ;开总中断,T0 中断
        MOV     TCON,#50H           ;启动定时和计数
        MOV     50H,#00H
        MOV     51H,#00H
LOOP0:
        MOV     R2,50H              ;初始化计数初值
        MOV     R3,51H
        LCALL   LOOP1               ;调用二进制转十进制子程序
        MOV     R0,#40H             ;转换结果送显示缓冲器
        MOV     A,R6
        LCALL   PTDS                ;调用取高半字节和低半字节程序
        MOV     A,R5
        LCALL   PTDS
        MOV     A,R4
        LCALL   PTDS
        LCALL   DISPLAY             ;调用显示子程序
        SJMP    LOOP0
LOOP1:
        CLR     A                   ;二进制转十进制子程序
        MOV     R4,A
        MOV     R5,A
        MOV     R6,A
        MOV     R7,#10H
LOOP2:
        CLR     C
        MOV     A,R3
        RLC     A
        MOV     R3,A
        MOV     A,R2
        RLC     A
        MOV     R2,A
        MOV     A,R6
        ADDC    A,R6
        DA      A
        MOV     R6,A
```

```
        MOV     A,R5
        ADDC    A,R5
        DA      A
        MOV     R5,A
        MOV     A,R4
        ADDC    A,R4
        DA      A
        MOV     R4,A
        DJNZ    R7,LOOP2
        RET
PTDS:
        MOV     R1,A                ;取高半字节和低半字节程序
        ACALL   PTDS1
        MOV     A,R1
        SWAP    A
PTDS1:
        ANL     A,#0FH
        MOV     @R0,A               ;将所得到的十进制数存放到以40H
                                    ;开始的缓冲区,低位在前
        INC     R0
        RET
DELAY:
        MOV     R7, #0              ;延时子程序
DELAYLOOP:
        DJNZ    R7, DELAYLOOP
        DJNZ    R6, DELAYLOOP
        RET
DISPLAY:
        SETB    0D3H                ;显示子程序
        MOV     R0, #LEDBUF
        MOV     R1, #6              ;共6个八段数码管
        MOV     R2, #00000001B      ;从左边开始显示
LOOP:
        MOV     DPTR, #OUTBIT
        MOV     A, #00H
        MOVX    @DPTR, A            ;关所有八段数码管
        MOV     A, @R0
        MOV     DPTR,#LEDMAP
        MOVC    A,@A+DPTR
```

```
        MOV     B, #8              ;送 74LS164
DLP:
        RLC     A
        MOV     R3, A
        MOV     ACC.0, C
        ANL     A, #0FDH
        MOV     DPTR, #DAT164
        MOVX    @DPTR, A
        MOV     DPTR, #CLK164
        ORL     A, #03H
        MOVX    @DPTR, A
        ANL     A, #0FDH
        MOVX    @DPTR, A
        MOV     A, R3
        DJNZ    B, DLP
        MOV     DPTR, #OUTBIT
        MOV     A, R2
        MOVX    @DPTR, A           ;显示一位八段数码管
        MOV     R6, #1
        CALL    DELAY
        MOV     A, R2              ;显示下一位
        RL      A
        MOV     R2, A
        INC     R0
        DJNZ    R1, LOOP
        MOV     DPTR, #OUTBIT
        MOV     A, #0
        MOVX    @DPTR, A
        CLR     0D3H               ;关所有八段数码管
        RET
LEDMAP:                            ;八段数码管显示码
        DB      3FH, 06H, 5BH, 4FH, 66H, 6DH, 7DH, 07H
        DB      7FH, 6FH, 77H, 7CH, 39H, 5EH, 79H, 71H
INTER0:
        CLR     TR0                ;定时器 0 中断处理子程序
        MOV     TL0, #0B7H
        MOV     TH0, #30H
        INC     23H
        MOV     A, 23H
```

```
        CJNE    A,#0AH,ZOO1
        MOV     23H,#00H
        MOV     50H,TH1
        MOV     51H,TL1
        MOV     TL1,#00H
        MOV     TH1,#00H
ZOO1:
        SETB    TR0
        RETI
        END
```

4.5 RAM 扩展实验

一、实验目的

(1) 掌握 RAM6264 的扩展方法。

(2) 学习片外存储器的读写方法。

(3) 理解 P0 口上数据和地址信号分离的手段。

二、实验设备与器材

(1) 超想-3000TB 综合实验仪	1 台
(2) Keil C 超级仿真器	1 台
(3) 计算机	1 台

三、实验原理

8051 单片机内部具有 128 个字节的 RAM,可以作为寄存器、堆栈以及 RAM 使用,是十分珍贵的资源。但在许多实际的应用系统中,仅芯片内部的 RAM 往往不够,这时就必须外扩数据存储器,最多不超过 64 KB。常用的静态 RAM 有 6116(2K×8)、6264(8K×8)和 62256(32K×8)等。数据存储器芯片的引脚,主要包括地址线(A0～An)、数据线(D0～D7)、片选($\overline{CE}$)、输出允许($\overline{OE}$)和写($\overline{WE}$)控制信号线。数据存储器的扩展就是地址、数据和控制三组总线与 MCU 的连接,通常 A8～A15 直接由 P2 口提供,A7～A0 来自地址锁存器;数据线(D0～D7)接 P0 口;输出允许($\overline{OE}$)引脚接系统的读($\overline{RD}$)信号 P3.7,写信号($\overline{WE}$)接系统的写信号($\overline{WR}$)P3.6,片选($\overline{CE}$)由系统的译码器产生,它决定了数据存储器芯片在系统中的地址。

单片机系统中,对片外存储器的读写操作是最基本的操作。在本实验中,同学们可以参考程序框图(见图 4.10)和示例程序进行编程。示例程序是将程序往 RAM 中写入一串数据,然后读出,比较读写结果是否一致,并把比较结果通过八段数码管显示出来。

四、实验接线图

图 4.10 所示为 RAM 扩展实验接线图。

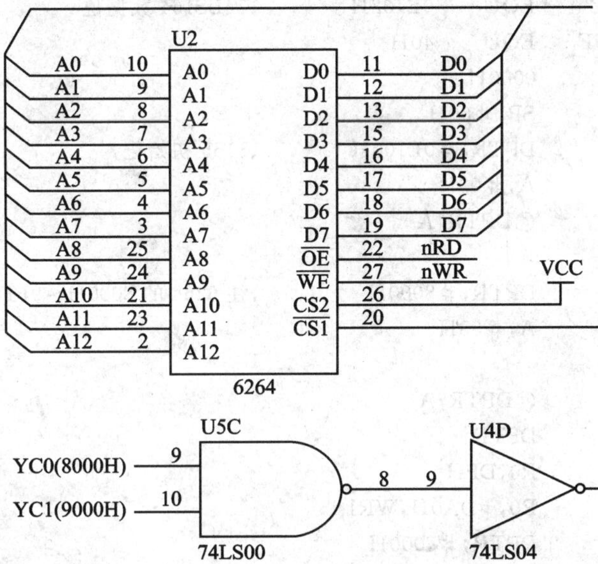

图 4.10　RAM 扩展实验接线图

五、实验步骤

(1) 编写程序并编译。

(2) 运行并观察结果:在调试该程序时,可以灵活使用单步跟踪、设置断点等方法,用来观察程序执行的流程和各中间变量的值。

六、程序框图

图 4.11 为 RAM 扩展实验程序流程图。

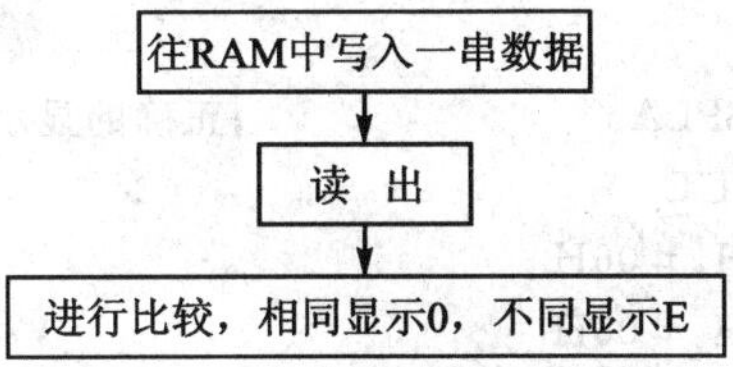

图 4.11　RAM 扩展实验程序流程图

七、程序清单

```
          BITCON    EQU     0E101H          ;位控制端口
          CLK164    EQU     0E102H          ;74LS164 时钟位
          DAT164    EQU     0E102H          ;74LS164 数据位
          LEDBUF    EQU     40H
          ORG       0000H
          MOV       SP,#60H
          MOV       DPTR,#0E100H            ;8155 初始化
          MOV       A,#03H
          MOVX      @DPTR,A
WR6264:
          MOV       DPTR,#8000H             ;往 6264 的 8000H～9FFFH 单元送入#55H
          MOV       A,#55H
WR1:
          MOVX      @DPTR,A
          INC       DPTR
          MOV       R0,DPH
          CJNE      R0,#0A0H,WR1
          MOV       DPTR,#8000H
COMP:
          MOVX      A,@DPTR                 ;读出数据进行比较
          CJNE      A,#55H,ERR
          INC       DPTR
          MOV       R0,DPH
          CJNE      R0,#0A0H,COMP
          MOV       40H,#06H                ;显示缓冲器初始化
          MOV       41H,#05H
          MOV       42H,#06H
          MOV       43H,#04H
          MOV       44H,#10H
          MOV       45H,#00H
TRUE:
          LCALL     DISPLAY                 ;正确的显示“6464－0”
          SJMP      TRUE
          MOV       40H,#06H
          MOV       41H,#05H
          MOV       42H,#06H
          MOV       43H,#04H
```

```
        MOV     44H,#10H
        MOV     45H,#0EH                ;不正确的显示"6264 - E"
ERR:
        LCALL   DISPLAY
        SJMP    ERR
DISPLAY:
        SETB    0D3H
        MOV     R0,#LEDBUF
        MOV     R1,#6                   ;有 6 个八段数码管
        MOV     R2,#00100000B           ;从左边开始显示
LOOP:
        MOV     DPTR,#BITCON
        MOV     A,#00H
        MOVX    @DPTR,A                 ;关所有八段数码管
        MOV     A,@R0
        MOV     DPTR,#LEDTABLE
        MOVC  A,@A+DPTR
        MOV     B,#8                    ;段码送 74LS164
DLP:
        RLC     A
        MOV     R3,A
        MOV     ACC.0,C
        ANL     A,#0FDH
        MOV     DPTR,#DAT164
        MOVX    @DPTR,A
        MOV     DPTR,#CLK164
        ORL     A,#02H
        MOVX    @DPTR,A                 ;向 74LS164 时钟位送出高电平
        ANL     A,#0FDH
        MOVX    @DPTR,A                 ;向 74LS164 时钟位送出低电平
        MOV     A,R3
        DJNZ    B,DLP
        MOV     DPTR,#BITCON
        MOV     A,R2
        MOVX    @DPTR,A                 ;显示一位八段数码管
        MOV     R6,#01
        CALL    DELAY
        MOV     A,R2                    ;显示下一位
        RR      A
```

```
        MOV     R2, A
        INC     R0
        DJNZ    R1, LOOP
        MOV     DPTR, #BITCON
        MOV     A, #0
        MOVX    @DPTR, A                ;关所有八段数码管
        CLR     0D3H
        RET
LEDTABLE:                               ;八段数据管显示码
        DB      3FH, 06H, 5BH, 4FH, 66H, 6DH, 7DH, 07H
        DB      7FH, 6FH, 77H, 7CH, 39H, 5EH, 79H, 71H
        DB      40H
DELAY:
        MOV     R7, #00H                ;延时子程序
        DJNZ    R7, $
        DJNZ    R6, DELAY
        RET
        END
```

4.6 EPROM 固化及脱机运行实验

一、实验目的

掌握调试步骤的最后一个环节：EPROM 固化程序的方法，以及进行脱机运行实验。

二、实验内容

将先前做的“电子时钟”实验的程序固化到 EPROM 型号为 27C256 之中，观察脱机运行情况。

三、实验设备与器材

(1) 通用编程器　1 台
(2) 27C256 芯片　1 片
(3) 超想-3000TB 综合实验仪　1 台

四、实验原理

EPROM(Erasable Programmable Read Only Memory)即“可擦除可编程只读存储器”，是

一种可重写的存储器芯片，其内容在掉电时不会丢失。换句话说，它是非易失性的。它通过 EPROM 编程器进行编程，EPROM 编程器能够提供比正常工作电压更高的电压对 EPROM 编程。一旦编程，EPROM 只有在强紫外线的照射下才能够进行擦除。为了进行擦除，EPROM 的陶瓷封装上具有一个小的石英窗口，这个石英窗口一般情况下使用不透明的粘带覆盖，当擦除时将这个粘带揭掉，然后放置在强紫外线下大约 20 min。EPROM 存储器有 27XX 系列和 27CXX 系列。

27C256 是 256K 的 CMOS 可编程只读存储器，存取单个字节只需 90 ns 就可以完成。其内部结构及引脚图分别如图 4.12 和图 4.13 所示。

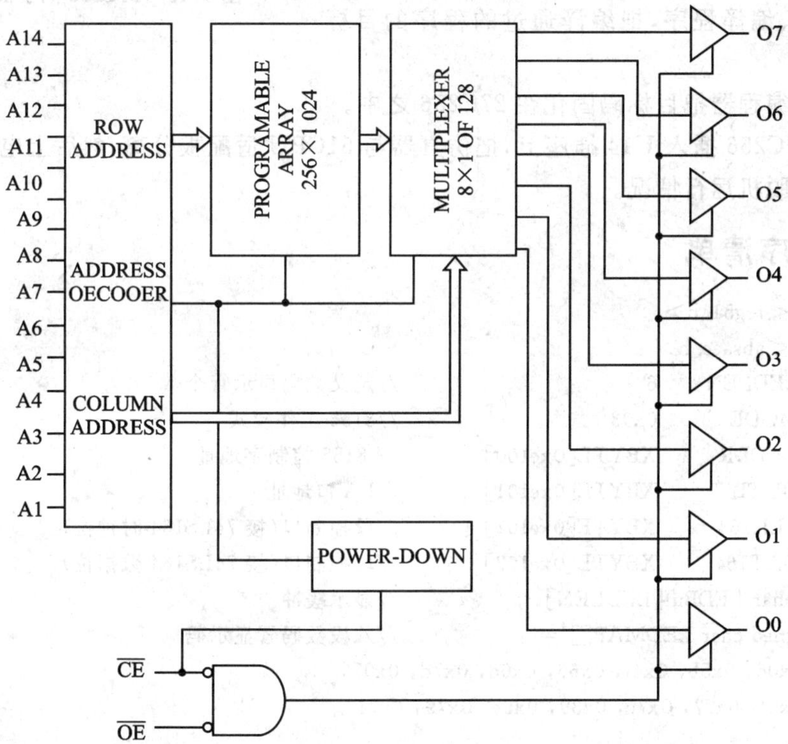

图 4.12　27C256 的内部结构图

在编写软件之前，首先要确定一些常数和地址等，事实上这些常数、地址在设计阶段已被直接或间接地确定下来了。如当某器件的连线设计好后，其地址也就被确定了；当器件的功能被确定下来后，其控制字也就被确定了。然后经 Keil C 超级仿真器编写软件进行编写，之后对源程序文件进行编译和查错，直到没有语法错误。除了极简单的程序外，一般应用仿真机对软件进行调试，直到程序运行正确为止。运行正确后，就可以烧写芯片（将程序固化在

EPROM 中)。在源程序被编译后,生成了扩展名为 HEX 的目标文件,一般编程器能够识别这种格式的文件,只要将此文件调入即可烧写芯片。

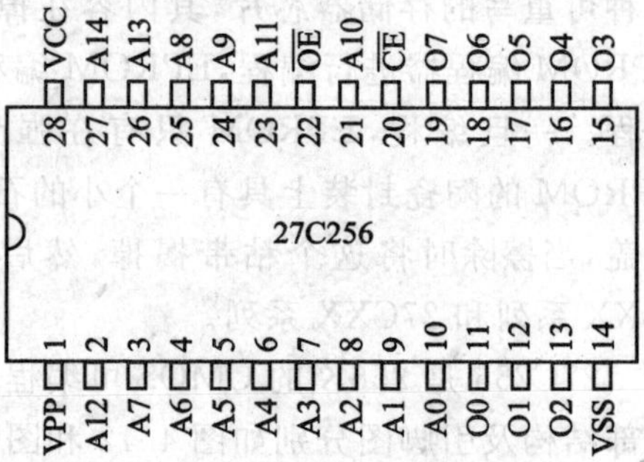

图 4.13　27C256 的引脚分布图

五、实验步骤

(1) 请另备 27C256 芯片,将 U14 上原有的芯片拔下。

(2) 编程器的使用方法,请参考有关编程器使用手册。

(3) 编程、编译程序,把编译通过的程序的目标码存盘。

(4) 使用编程器把目标码固化在 27C256 之中。

(5) 把 27C256 插入 U14 插座上,把仿真器与 51CPU 适配板分离,然后上电。

(6) 观察脱机运行情况。

六、程序清单

```
#include <reg51.h>
#include <absacc.h>
#define LEDLEN      6                   //定义数码显示管个数
#define MODE        0x03                //8155 工作模式
#define CADDR       XBYTE[0xe100]       // 8155 控制字地址
#define OUTBIT      XBYTE[0xe101]       //PA 口地址
#define CLK164      XBYTE[0xe102]       //段控制口(接 74LS164 时钟位)
#define DAT164      XBYTE[0xe102]       //段控制口(接 74LS164 数据位)
unsigned char LEDBuf[LEDLEN];           //显示缓冲
code unsigned char LEDMAP[] = {         //八段数码管显示码
  0x3f, 0x06, 0x5b, 0x4f, 0x66, 0x6d, 0x7d, 0x07,
  0x7f, 0x6f, 0x77, 0x7c, 0x39, 0x5e, 0x79, 0x71
};
void Delay(unsigned char CNT)           //延时子程序
{
  unsigned char i;
  while (CNT-- ! =0)
      for (i=100;i ! =0;i--);
}
void DisplayLED()                       //显示程序
{
```

```
    unsigned char i, j;
    unsigned char Pos;
    unsigned char LED;
    CADDR= MODE;
    Pos = 0x20;                              //从左边开始显示
    for (i = 0;i < LEDLEN;i++)
    {
        OUTBIT = 0;                          //关所有八段数码管
        LED = LEDBuf[i];
        for (j = 0;j < 8;j++)
        {                                    //送 74LS164
            if (LED & 0x80)
              {
               DAT164 = 1;
              }
            else
              {
               DAT164 = 0;
              ;}
            CLK164 = CLK164| 0X02;
            CLK164 = CLK164 & 0Xfd;
            LED <<= 1;
        };
        OUTBIT = Pos;                        //显示一位八段数码管
        Delay(1);
        Pos >>= 1;                           //显示下一位
    };
}
/*==========================================================*/
#define TICK      10000                      //10 000×100 μs=1 s
#define T100US  (256 - 50)                   //100 μs 时间常数(6 MHz)
unsigned char Hour, Minute, Second;
unsigned int C100us;                         //100 μs 计数单元
void T0Int() interrupt 1
{
    C100us --;
    if (C100us == 0)
    {
        C100us = TICK;                       //100 μs 计数器为 0,重置计数器
```

```
        Second++;
        if (Second == 60)
        {
          Second = 0;
          Minute++;
          if (Minute == 60)
          {
              Minute = 0;
              Hour++;
              if (Hour == 24)
                 Hour = 0;
          };
        };
      };
}
void main()
{
   TMOD = 0x02;                          //方式 2,定时器
   TH0   = T100US;
   TL0   = T100US;
   IE   = 0x82;                          //EA=1, IT0 = 1
   Hour   = 0;
   Minute = 0;
   Second = 0;
   C100us = TICK;
   TR0   = 1;                            //启动定时器 0
   while (1)
   {
     LEDBuf[0] = LEDMAP[Hour/10];
     LEDBuf[1] = LEDMAP[Hour%10] | 0x80;
     LEDBuf[2] = LEDMAP[Minute/10];
     LEDBuf[3] = LEDMAP[Minute%10] | 0x80;
     LEDBuf[4] = LEDMAP[Second/10];
     LEDBuf[5] = LEDMAP[Second%10];
     DisplayLED();
   };
}
```

4.7 工业顺序控制(INT0、INT1)综合实验

一、实验目的

(1) 掌握工业顺序控制程序的简单编程。
(2) 掌握中断的使用。

二、实验内容

在实际的工业应用中体会中断的使用方法。

三、实验设备与器材

(1) 超想-3000TB综合实验仪	1台
(2) Keil C超级仿真器	1台
(3) 计算机	1台

四、实验原理

8031的P1.0～P1.6口控制注塑机7道工序,现模拟控制七只发光二极管的点亮为高电平。设定每道工序时间转换为延时,P3.4为开工启动开关,高电平启动。P3.3为外部故障输入模拟开关,低电平报警,P1.7为报警声音输出。设定7道工序只有一位输出。

本实验中要用到外部中断1,在编写中断服务程序时有几点需要注意。编写中断服务程序的关键是:

(1) 保护进入中断时的状态,并在退出中断之前恢复进入时的状态。
(2) 必须在中断程序中设定是否允许外部中断进入,即设置EX1位。
一般中断程序进入时,应保护PSW、ACC寄存器。

五、实验接线图

图4.13为工业顺序控制(INT0、INT1)综合实验接线图。

六、实验步骤

(1) 按图4.14所示实验接线图将实验所需电路连接正确。
(2) 执行程序,把K0、K1接到高电平,观察发光二极管点亮情况,确定工序执行是否正常,然后把K1置为低电平,看是否有声音报警。
(3) 恢复中断1,报警停,又从刚才报警时的程序执行下去。

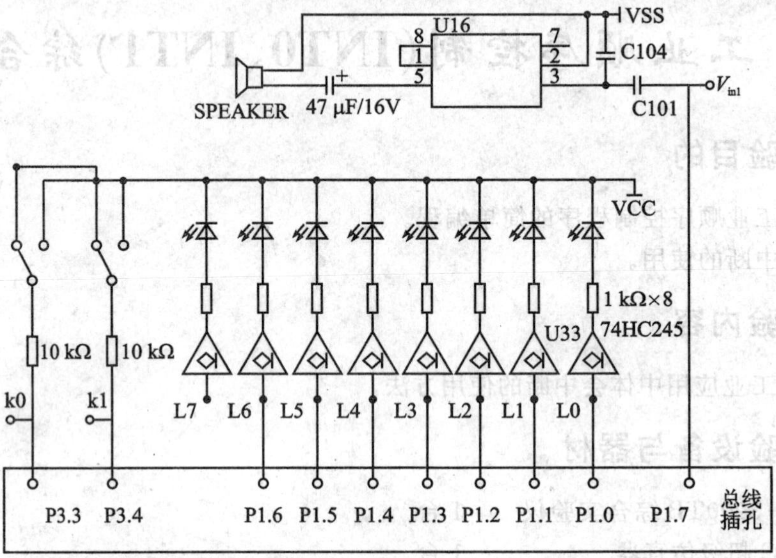

图 4.14　工业顺序控制(INT0、INT1)综合实验接线图

做实验时可以灵活地控制 K0、K1 两个开关，观察发光二极管点亮情况，看与自己推断的是否一致。

七、程序框图

图 4.15 为工业顺序控制(INT0、INT1)综合实验流程图。

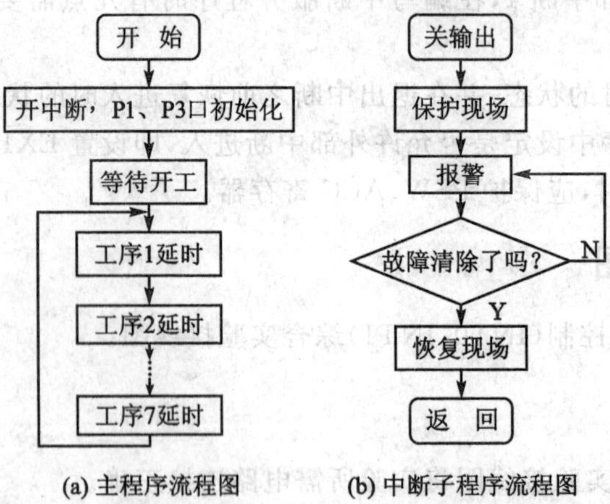

(a) 主程序流程图　　(b) 中断子程序流程图

图 4.15　工业顺序控制(INT0、INT1)综合实验流程图

八、程序清单

以下是工业顺序控制(INT0、INT1)综合实验程序明细。

```
        ORG     0000H
        SJMP    MAIN
        ORG     0013H
        LJMP    INT
MAIN:
        MOV     P1,#00H
START:
        JNB     P3.4,START          ;开工吗?
        ORL     IE,#84H
        ORL     IP,#04H
        MOV     PSW,#00H            ;初始化
        MOV     SP,#53H
STEP1:
        MOV     P1,#01H             ;第一道工序
        ACALL   DELAY3              ;延时
        MOV     P1,#02H             ;第二道工序
        ACALL   DELAY3              ;延时
        MOV     P1,#04H             ;第三道工序
        ACALL   DELAY3              ;延时
        MOV     P1,#08H             ;第四道工序
        ACALL   DELAY3              ;延时
        MOV     P1,#10H             ;第五道工序
        ACALL   DELAY3              ;延时
        MOV     P1,#20H             ;第六道工序
        ACALL   DELAY3              ;延时
        MOV     P1,#40H             ;第七道工序
        ACALL   DELAY3              ;延时
        SJMP    MAIN
INT:
        MOV     B,R2                ;保护现场
WARNING:
        MOV     P1,#00H             ;关输出
        MOV     20H,#0A0H           ;振荡次数
SOUND:
        SETB    P1.7                ;振荡
        ACALL   DELAY2              ;延时
```

```
        CLR     P1.7                ;停止
        ACALL   DELAY2              ;延时
        DJNZ    20H,SOUND           ;不为零则重复
        CLR     P1.7
        ACALL   DELAY2
        JNB     P3.3,WARNING        ;故障未消除继续报警
        MOV     R2,B                ;恢复现场
        RETI
DELAY1:
        MOV     R2,#10H             ;延时 1
        ACALL   DELY
        RET
DELAY2:
        MOV     R2,#06H             ;延时 2
        ACALL   DELY
        RET
DELAY3:
        MOV     R2,#30H             ;延时 3
        ACALL   DELY
        RET
DELY:
        PUSH    02H                 ;延时子程序
DELY1:
        PUSH    02H                 ;将 R2 的值#30H 推入堆栈
DELY2:
        PUSH    02H                 ;将 R2 的值#30H 推入堆栈
DELY3:
        DJNZ    R2,DELY3
        POP     02H                 ;加载#30H 到 R2 中
        DJNZ    R2,DELY2
        POP     02H
        DJNZ    R2,DELY1
        POP     02H
        DJNZ    R2,DELY
        RET
        END
```

4.8 扩展时钟系统实验(DS12887)

一、实验目的

(1) 学会 MSC－51 单片机扩展时钟电路的设计方法。

(2) 掌握 DS12887 的工作原理。

二、实验内容

编程实现下列功能:

(1) 程序第一次运行后,初始化时间显示为 00:00:00,即 6 位数码管显示为 00.00.00。

(2) 通过键盘按键 MON 设定小时,通过键盘按键 LAST 设定分钟,通过键盘按键 NEXT 设定秒。

三、实验设备与器材

(1) 超想－3000TB 综合实验仪	1 台
(2) Keil C 超级仿真器	1 台
(3) 连线	若干根
(4) 计算机	1 台

四、实验原理

在很多应用场合要求单片机系统不仅能够准确地采集数据,而且还需要了解产生这些数据的时刻,为单片机系统增加日历时钟是一项非常有用的技术,掌握这项技术便是本实验的目的。实验中使用 DALLAS 公司生产的日历、时钟加 RAM 芯片 DS12887。它具有接口简单、使用方便等特点,曾被用在 586 计算机中。其引脚分布如图 4.16 所示。

内部有 128 字节的非易失 SRAM,具体分配如图 4.17 所示。

通过对寄存器 A、B、C、D 的编程可以控制 DS12887 的工作方式。

寄存器 A:

D7	D6	D5	D4	D3	D2	D1	D0
UIP	DV2	DV1	DV0	RS3	RS2	RS1	RS0

UIP 位:当其为 0 时指示更新在 244 μs 内不会发生;DV2、DV1、DV0:当其为 010 时,打开晶振,并允许时钟开始计时;RS3、RS2、RS1、RS0:用于选择周期中断或输出方波频率,当其分别为 0111、1000、1001、1011、1101、1110 和 1111 时,对应频率为 512 Hz、256 Hz、128 Hz、

64 Hz、32 Hz、16 Hz、8 Hz、4 Hz 和 2 Hz。

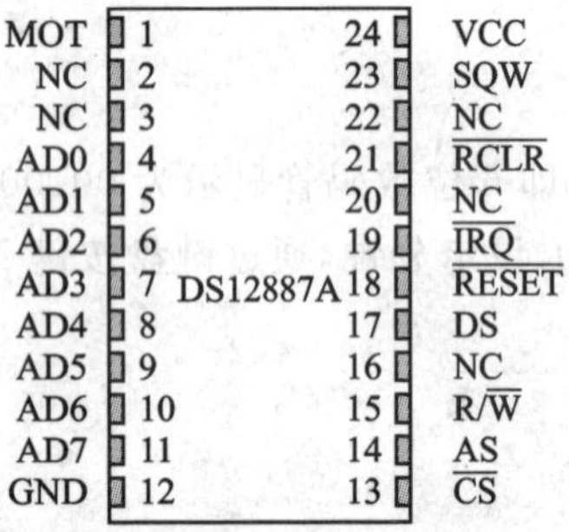

图 4.16 DS12887A 引脚分布图

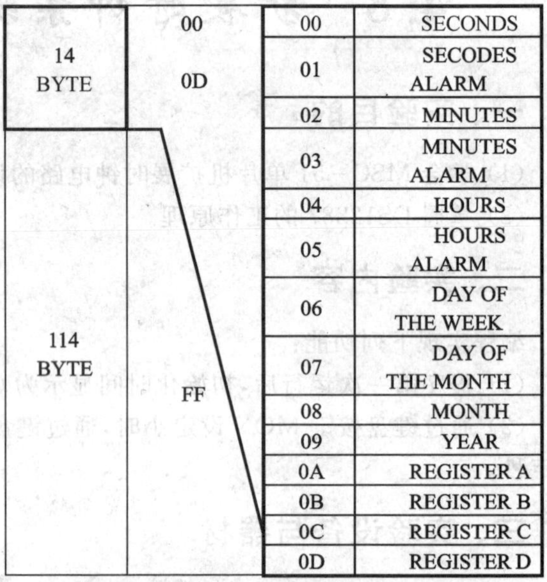

图 4.17 存储器分布图

寄存器 B：

D7	D6	D5	D4	D3	D2	D1	D0
SET	PIE	AIE	UIE	SQWE	DM	12/24	DSE

SET 位：SET 位为 0 时，每秒计数一次；置 1 后，更新转换被禁止。PIE、AIE、UIE 位：当它们为 1 时，分别允许周期中断、报警中断和时钟数据更新结束中断；为 0 时，禁止中断产生。SQWE 位：当其为 1 时，按以寄存器 A 中由 RS3、RS2、RS1、RS0 设定的频率从 SQW 引脚输出方波，当其为 0 时，SQW 为低电平；当 DM 为 1 时选用二进制数据格式，反之，为 BCD 数据格式。12/24 位：当其为 1 时，指定 24 h 时间格式；否则为 12 h 时间格式。DSE 位：当其为 1 时允许夏时制发生。

寄存器 C：

D7	D6	D5	D4	D3	D2	D1	D0
IRQF	PF	AF	UF	0	0	0	0

寄存器 C 的内容是由周期中断标志位 PF、报警中断标志位 AF、更新结束中断标志位 UF 和中断请求标志位 IRQF 组成，它们之间的关系为 IRQF＝PF * PIE＋AF * AIE＋UF * UIE，只要 IRQF 为 1，$\overline{IRQ}$引脚输出就保持低电平，读寄存器 C 将清除所有标志。

寄存器 D：

D7	D6	D5	D4	D3	D2	D1	D0
VRT	0	0	0	0	0	0	0

寄存器 D 中仅 D7 有定义，读时应总为 1，若为 0 则说明内部锂电池已耗尽。

为防止锂电池在芯片装入系统前被耗尽，DS12887 在出厂时先关掉了其内部的晶振，编程时必须首先给寄存器 A 的 DV2、DV1、DV0 位写入 010 以打开晶振，然后读寄存器 D 以检查内部锂电池是否有效；接着根据需要对寄存器 A、B 进行设置。当需要修改日历时钟时，需要先使 SET 位置 1，当需要读日历时钟数据时，必须先查询寄存器 A 中的 UIP 位，只有当其为 0 时，才能进行读取数据。

五、实验接线图

图 4.18 所示为扩展时钟系统实验(DS12887)接线图。

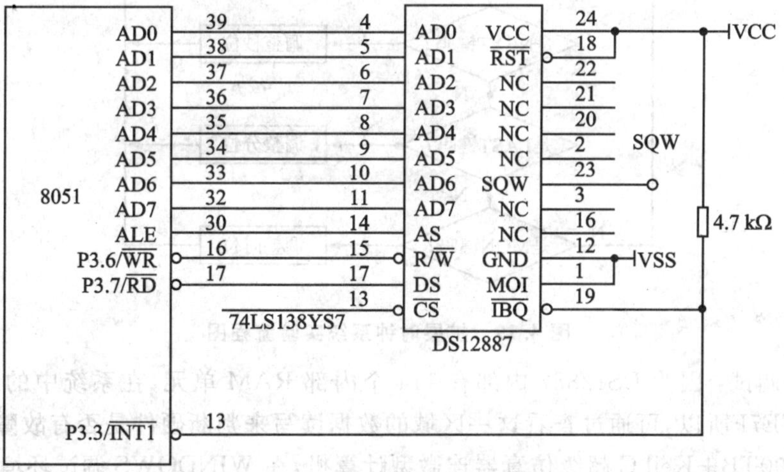

图 4.18 扩展时钟系统实验接线图

六、程序框图

图 4.19 为扩展时钟系统实验流程图。

七、实验步骤

(1) 设定仿真模式为程序空间在仿真器上，数据空间在用户板上。

(2) 从图 4.18 中看出，DS12887 的$\overline{CS}$脚已连接 U17 译码器的 YS7 脚，于是可知 DS12887 的地址空间为 0FE00H～0FFFFH。

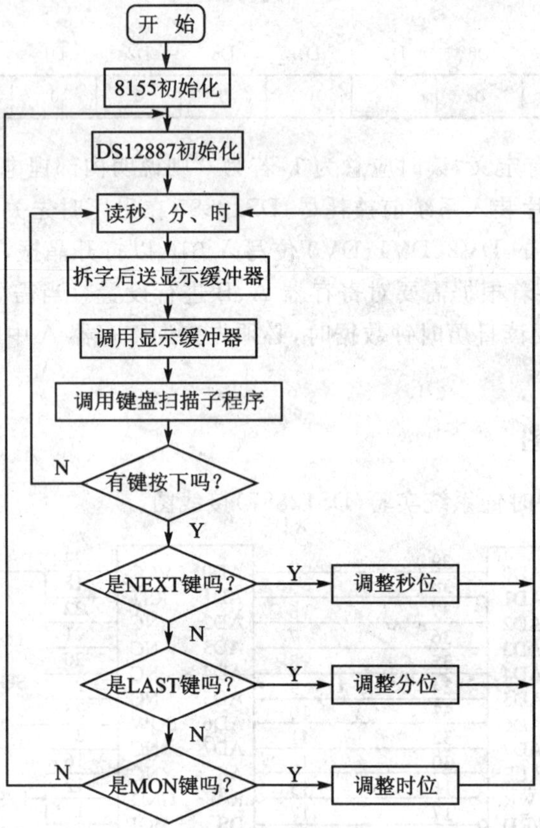

图 4.19 扩展时钟系统实验流程图

(3) 硬件调试：因为 DS12887 内部有 114 个内部 RAM 单元，在系统中的地址空间则为 0FE0EH～0FE7F所以，可通过查看这一区域的数据读写来判断硬件是否有故障。

超想-3000TB+Keil C 超级仿真器连微型计算机，在 WINDOWS 调试环境下打开数据存储器区，在 0FE10H 开始的地址上写入一串 55H，右击后，弹出一窗口，单击“刷新”按钮，如写入的一串 55H 未被修改，则硬件无故障。

(4) 设计程序并进行调试。

八、程序清单

```
/* DS12887LED 显示实验程序 */
#include <reg51.h>
#include<absacc.h>
#define LEDLEN        6
#define MODE          0x03
```

```
#define CADDR       XBYTE[0xe100]      //8155 控制字地址
#define BITCON      XBYTE[0xe101]      //八段数码管位控制口
#define CLK164      XBYTE[0xe102]      //八段数码管段控制口(接 74LS164 时钟位)
#define DAT164      XBYTE[0xe102]      //八段数码管段控制口(接 74LS164 数据位)
#define KEYIN       XBYTE[0xe103]      //键盘读入口
unsigned char LEDBuf[LEDLEN];          //显示缓冲
code unsigned char LEDCode[] = {       //八段数码管显示码
    0x3f, 0x06, 0x5b, 0x4f, 0x66, 0x6d, 0x7d, 0x07,
    0x7f, 0x6f, 0x77, 0x7c, 0x39, 0x5e, 0x79, 0x71
};
void Delay(unsigned char CNT)
{
    unsigned char i;
    while (CNT-- != 0)
        for (i=100;i != 0;i--);
}
/* LED 显示驱动程序 */
void DisplayLED()
{
        unsigned char i, j;
        unsigned char BitC;
        unsigned char LED;
        BitC = 0x01;                   //从右边开始显示
        for (i = 0;i < LEDLEN;i++)
        {
            BITCON = 0;                //关所有八段数码管
            LED = LEDBuf[i];
            for (j = 0;j < 8;j++)
            {
              if (LED & 0x80)
                  {
                    DAT164 = 1;        //段码送 74LS164
                  }
              else
                  {
                    DAT164 = 0;
                  };
              CLK164 = CLK164|0x02;    //PB1 口输出高电平
              CLK164 = CLK164&0xfd;    //PB1 口输出低电平
              LED <<= 1;               //左移一位
            };
```

```
            BITCON = BitC;                    //输出位控制信号,显示一位八段数码管
            Delay(1);
            BitC <<= 1;                       //显示下一位
        };
    }
    /*键盘码定义*/
    code unsigned char KeyTable[]={
                    0x00, 0x01, 0x04, 0x07,
                    0x0f, 0x02, 0x05, 0x08,
                    0x0e, 0x03, 0x06, 0x09,
                    0x0d, 0x0c, 0x0b, 0x0a,
                    0x10, 0x11, 0x12, 0x13,
                    0x14, 0x15, 0x16,
    };
    unsigned char MoniKey()                   //检测键盘有无按键按下
    {
        BITCON= 0;
        return (~KEYIN& 0x0f);
    }
    /*读取键盘值*/
    unsigned char GetKey()
    {
        unsigned char GetNum;
        unsigned char i;
        unsigned char k;
        i=6;
        GetNum = 0x20;
        do
        {
            BITCON = ~ GetNum;                //扫描列,得到列值
            GetNum >>= 1;
            k = ~KEYIN& 0x0f;
        }while((--i! =0)&&(k==0));            //六列没有扫描完,且没扫描到按下键则继续扫描
        if(k! =0)
        {                                     //有键按下
            i = i*4;
            if(k&2)
                i= i+1;
            else if(k&4)
                i= i+2;
            else if(k&8)
```

```
            i= i+3;
        BITCON =0;                        //撤销所有列输出线
        do
        {
            Delay(10);
        } while(MoniKey());               //等待键释放
            return (KeyTable[i]);
    }
    else
    {
            return(0xff);                 //没键按下,返回 0xff
    };
}
/* DS12887 显示驱动程序 */
#define TM_SECOND XBYTE[0xfe00]           //秒
#define TM_MINUTE XBYTE[0xfe02]           //分
#define TM_HOUR   XBYTE[0xfe04]           //时
#define REG_A     XBYTE[0xfe0a]           //寄存器 A
#define REG_B     XBYTE[0xfe0b]
#define REG_C     XBYTE[0xfe0c]
#define REG_D     XBYTE[0xfe0d]
#define RAM_114   XBYTE[0xfe0e]
 /*时间设定*/
 void SetSecond()                         //设置秒
 {
      unsigned char Buf;
      unsigned char i;
      i=REG_D;
      while(MoniKey()==0)                 //等待按键
      {
           ;
      };
      Buf = GetKey()&0x0f;                //秒十位
      Buf<<=4;
      while(MoniKey()==0)                 //等待秒个位输入
      {
           ;
      };
      REG_B=0xfa;
      Buf=(GetKey()&0x0f)|Buf;
      TM_SECOND= Buf;
```

```
        REG_B=0x7a;
        i=REG_C;
    }
    void SetMinute()                        //设置分
    {
        unsigned char Buf;
        unsigned char i;
        i=REG_D;
        while(MoniKey()==0)                 //等待按键
        {
            ;
        };
        Buf = GetKey()&0x0f;                //分十位
        Buf<<=4;
        while(MoniKey()==0)                 //等待分个位输入
        {
            ;
        };
        REG_B=0xfa;
        Buf=(GetKey()&0x0f)|Buf;
        TM_MINUTE = Buf;
        REG_B=0x7a;
        i=REG_C;
    }
    void SetHour() //设置时
    {
        unsigned char Buf;
        unsigned char i;
        i=REG_D;
        while(MoniKey()==0)                 //等待按键
        {
            ;
        };
        Buf = GetKey()&0x0f;
        Buf<<=4;
        while(MoniKey()==0)                 //等待时个位输入
        {
            ;
        };
        REG_B=0xfa;
        Buf=(GetKey()&0x0f)|Buf;
```

```
        TM_HOUR= Buf;
        REG_B=0x7a;
        i=REG_C;
  }
/*读取系统时间*/
  void ReadTime()
  {
        unsigned char xdata b;
        unsigned char xdata a;
        do
        {
              a=REG_A;
        }while((a&0x80)==0x80);
        b=TM_SECOND;
        LEDBuf [0]=LEDCode[b&0x0f];        //将秒个位送显示缓冲
        b=TM_SECOND;
        b>>=4;
        LEDBuf [1]=LEDCode[b&0x0f];        //将秒时位送显示缓冲
        b=TM_MINUTE;
        LEDBuf [2]=LEDCode[b&0x0f];        //分个位送显示缓冲
        b=TM_MINUTE;
        b>>=4;
        LEDBuf [3]=LEDCode[b&0x0f];        //分十位送显示缓冲
        b=TM_HOUR;
        LEDBuf [4]=LEDCode[b&0x0f];        //时个位送显示缓冲
        b=TM_HOUR;
        b>>=4;
        LEDBuf [5]=LEDCode[b&0x0f];
}
void Start12887(void)                      //启动时钟
{
        REG_A=0x2f;
        REG_B=0xfa;
        TM_SECOND =0;                      /*初始时间设定*/
        TM_MINUTE =0;
        TM_HOUR=0;
        REG_B=0x7a;
}
void main(void)
{
        CADDR = MODE;                      //初始化 8155
```

```
        EX1=0;
        Start12887();
        ReadTime();                             //初始显示 00.00.00
        DisplayLED();                           //初始时间显示
        for(;;)
        {
            DisplayLED();
            while(MoniKey())
            {
                switch(GetKey())
                {
                case 0x14:                      //是 NEXT 键吗?
                        SetSecond();
                        break;
                 case 0x15:
                        SetMinute();            //分设定
                        break;
                 case 0x16:
                        SetHour();              //小时设定
                        break;
                 default:
                        break;
                };
            };
            ReadTime();
        };
}
```

4.9 点阵式 LED 实验

一、实验目的

(1) 掌握点阵 LED 的原理和程序设计方法。

(2) 掌握 74LS164 扩展并口的方法。

二、实验内容

编写程序在点阵 LED 上显示数字“5”字样。

三、实验设备与器材

(1) 超想-3000TB 综合实验仪　　1台
(2) 连线　　若干根
(3) Keil C 超级仿真器　　1台

四、实验原理

由译码器引出的信号连接至锁存器 74LS373 的 OE 端,然后经过总线驱动器 74LS240 控制点阵模块的列输入端;由单片机的 P1.0、P1.1 口控制 8 位串行输入—并行输出芯片 74LS164,然后连接至点阵模块的行输入端。

8×8LED 点阵模块示意如图 4.20 所示。

8×8 的 LED 点阵为单色行共阳模块,单点的工作电压为正向(Vf)=1.8 V,正向电流 I_F = 8～10 mA 。

静态点亮器件时(64 点全亮)总电流为 640 mA,总电压为 1.8 V,总功率为 1.15 W。

动态时取决于扫描频率(1/8 s 或 1/16 s),单点瞬间电流可达 80～160 mA。16×16 点阵静态时总电流为 16×16×10 mA,动态时单点电流 80～160 mA。图 4.21 为接线方式示意图。

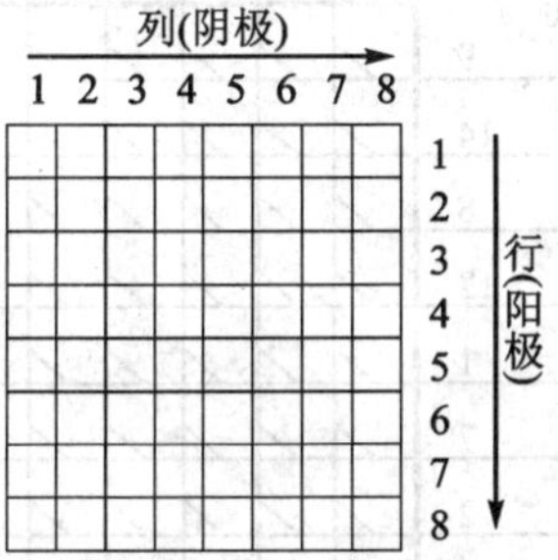

图 4.20　8×8 LED 点阵模块示意图

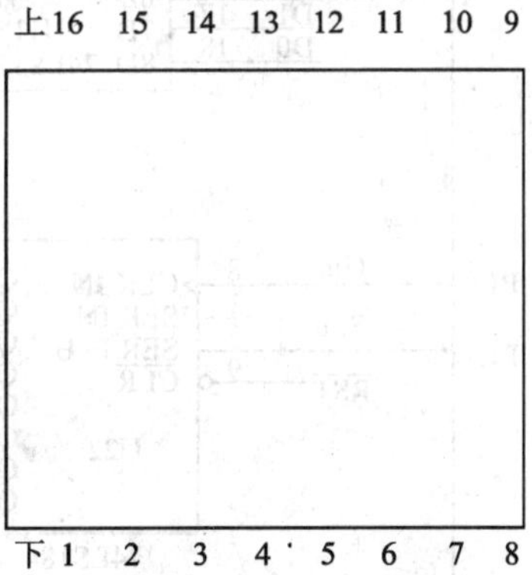

图 4.21　接线方式示意图

接线方式:

若某一行线接高,某一列线为低时,其行列交叉的点就被点亮;

若某一行线为高,某一列线为高时,其行列交叉的点为暗;

当某一行线接低,无论列线如何,对应这一行的点全部暗。

1 控制 第五行显示 接高;9 控制 第一行显示 接高;

2 控制 第七行显示 接高；10 控制 第四列显示 接低；
3 控制 第二列显示 接低；11 控制 第六列显示 接低；
4 控制 第三列显示 接低；12 控制 第四行显示 接高；
5 控制 第八行显示 接高；13 控制 第一列显示 接低；
6 控制 第五列显示 接低；14 控制 第二行显示 接高；
7 控制 第六行显示 接高；15 控制 第七列显示 接低；
8 控制 第三行显示 接高；16 控制 第八列显示 接低。

五、实验接线图

打开实验箱，用导线将“译码器”YC2(0A000H)孔连接“点阵 LED”左侧 CS0 孔，“总线插孔”中的 P1.1 孔连接 Sin 孔，P1.0 孔连接 Cin 孔。图 4.22 所示为点阵式 LED 实验接线图。

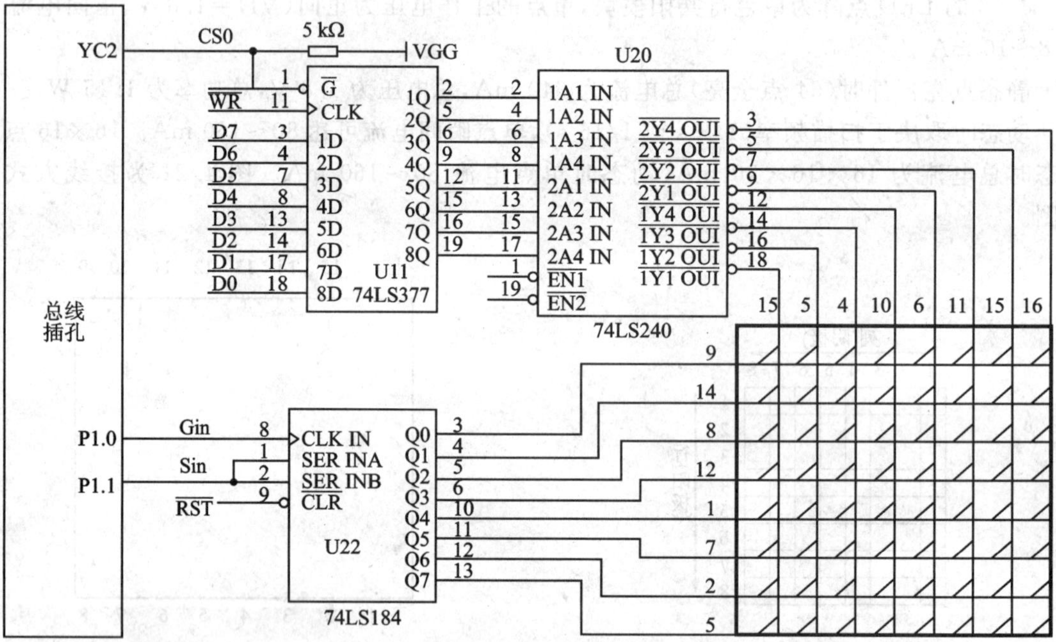

图 4.22 点阵式 LED 实验接线图

六、实验步骤

(1) 设定仿真模式为程序空间在仿真器上，数据空间在用户板上。

(2) 打开实验箱，用导线将实验所需电路按图 4.22 接线方案图连接正确。

(3) 设计程序、调试并通过。

七、程序框图

图 4.23 所示为点阵式 LED 实验流程图。

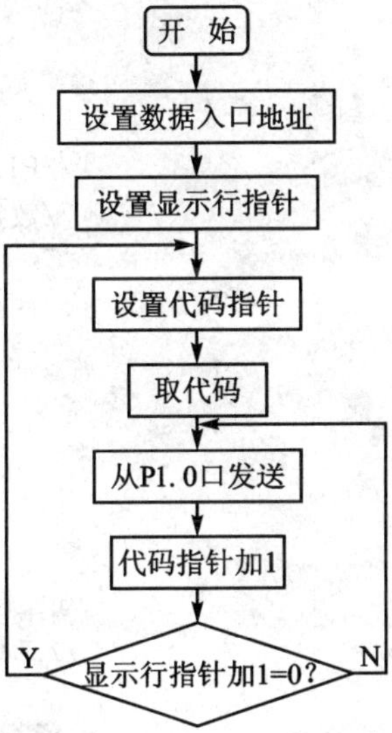

图4.23　点阵式 LED 实验流程图

八、程序清单

```
#include <reg51.h>
#include <absacc.h>
#define   LEDARRAY   XBYTE[0xa000]              //译码器 YC2 地址
sbit CLK        =P1^0;                          //脉冲输出
sbit LINE_DAT  =P1^1;                           //数据串行输出
bdata unsigned char L_Dat;                      //行选择显示
sbit LOW        =L_Dat^0;                       //从低位开始

code unsigned charTAB[8]={
0x7f,0x60,0x60,0x7e,0x03,0x63,0x3e,0x00
};                                              //字样'5'显示码序列
void Delay(void)                                //延时子程序
{
        unsigned char n=220;
        while(n--)
          {
```

```
            ;
        };
}
void Select_Line(unsigned char Dat)            //行显示选择输出
{
    unsigned char k;
    CLK=0;
    L_Dat=Dat;                                 //P1.1 口逐位输出
    for(k=0;k<8;k++)                           //数据送入 74LS164,并行输出
    {
        LINE_DAT=LOW;                          //低位
        CLK=1;
        CLK=0;
        L_Dat=L_Dat>>1;
    };
}

void main()                                    //主程序
{
    unsigned char i,j;
    while(1)
    {
            j=0x80;
            for(i=0;i<8;i++)                   //逐行输出
            {
                LEDARRAY=TAB[i];               //按顺序将显示码输出
                Select_Line(j);
                j=j>>1;                        //显示下一行
                Delay();                       //延时
                Delay();
            };
    };
}
```

4.10 直流电动机转速测量与控制实验

一、实验目的

(1) 了解霍耳器件工作原理及转速测量与控制的基本原理、基本方法。

(2) 掌握DAC0832电路的接口技术和应用方法，以提高实时控制系统的设计和调试能力。

二、实验内容

设计并调试一个程序。程序的功能是测量电动机的转速，并在超想-3000TB综合实验仪显示器上显示出来。实现的方法可采用比例调节器方法，使电动机转速稳定在某一设定值。此设定值可由超想-3000TB综合实验仪上的键盘输入。

三、实验设备与器材

(1) 超想-3000TB综合实验仪　1台
(2) Keil C超级仿真器　1台
(3) 连线　若干根
(4) 计算机　1台

四、实验原理

转速是工程上一个常用参数。旋转体的转速常以每秒钟或每分钟的转动次数表示，因此其单位为n/r或n/min，有时也用角速度表示瞬时转速，这时的单位为rad/s。

转速的测量方法很多，由于转速是以单位时间内的转数来衡量的，所以在变换过程中多数是有规律的重复运动。霍耳开关传感器由于其体积小、无触点、动态特性好、使用寿命长等特点，故在测量转动物体旋转速度领域得到了广泛应用。

霍耳器件是由半导体材料制成的一种薄片，在垂直于平面方向上施加外磁场 B，在沿平面方向两端加外电场，则使电子在磁场中运动，结果在器件的两个侧面之间产生霍耳电势。霍耳电势的大小和外磁场及电流大小成比例。

本实验选用美国史普拉格公司(SPRAGUE)生产的3000系列霍耳开关传感器3020，它是一种硅单片集成电路，器件的内部含有稳压电路、霍耳电势发生器、放大器、史密特触发器以及集电极开路输出电路，具有工作电压范围宽，可靠性高，外电路简单，输出电平可与各种数字电路兼容等特点。器件采用三端平塑封装。引出端的功能及符号如表4.1所列。

表4.1 引出端符号及功能

引出端序号	1	2	3
功　能	电源	地	输出
符　号	VC1	GND	OUT

根据霍耳效应原理，将一块永久磁钢固定在电动机转轴上的转盘边沿，转盘随测量轴旋转，磁钢也将跟着同步旋转，在转盘附近安装一个霍耳开关传感器3020，转盘随轴旋转时，受

磁钢所产生的磁场的影响，霍耳器件输出脉冲信号，其频率和转速成正比，测出脉冲的周期或频率即可计算出转速。

直流电动机的转速与施加于电动机两端的电压大小有关。本实验用 DAC0832 输出到直流电动机的电压，控制 DAC0832 的模拟输出信号量来控制电动机的转速。当电动机转速小于设定值时增大 D/A 输出电压，大于设定值时则减小 D/A 输出电压，从而使电动机以某一速度恒速旋转。可采用简单的比例调节器算法（简单的加一、减一法），使电动机转速得到恒定。

比例调节器(P)的输出系统式为

$$Y = K_p * e(t)$$

式中：Y——调节器的输出；

$e(t)$——调节器的输入，一般为偏差值；

K_p——比例系数。

从上式可以看出，调节器的输出 Y 与输入偏差值 $e(t)$ 成正比。因此，只要偏差量 $e(t)$ 一出现就产生与之成比例的调节作用，就能起到适时调节。该方法具有调节及时的特点，是一种最基本的调节原理和规律。比例调节作用的大小除了与偏差 $e(t)$ 有关外，主要取决于比例系数 K_p，比例调节系数越大，调节作用越强，动态特性也就越大；反之，比例系数越小，调节作用越弱。对于大多数的惯性环节，K_p 太大将引起自激振荡。比例调节的主要缺点是存在静差，对于扰动的惯性环节，K_p 太大将引起自激振荡。对于扰动较大，惯性也比较大的系统，若采用单纯的比例调节器就难于兼顾动态和静态特性，需采用调节规律比较复杂的 PI(比例积分调节器)或 PID(比例、积分、微分调节器)算法。

五、实验接线图

打开实验箱，用连线将数模转换 DAC0832 的输出 Aout 孔连接直流电动机 Dcin 孔，数模转换 DAC0832 的 CS3 孔连接“译码器”的 YC2 孔，CKM 孔(霍耳器件输出孔)连接 P3.2 孔。图 4.24 所示为直流电动机转速测量与控制实验。

P3.2 为外部中断 0 的输入引脚，对电动机转动产生的脉冲作为中断源进行计数；T0 工作于定时器方式，工作于方式 1。“译码器”的“YC2”孔作为 DAC0832 的片选端，故 DAC0832 地址为 0A000H～0AFFFH。

六、实验步骤

(1) 直流电动机转速测量与控制实验按照实验接线图(见图 4.24)将实验所需的电路连接正确。

(2) 设定仿真器仿真模式为程序空间在仿真器上，数据空间在用户板上。

(3) 硬件诊断：超想-3000TB+ Keil C 超级仿真器连接微型计算机，在 Windows 调试环境下打开数据存储器地址区间，在 0A000H 地址(即 DA0832 的片选空间)上写入 FFH，则

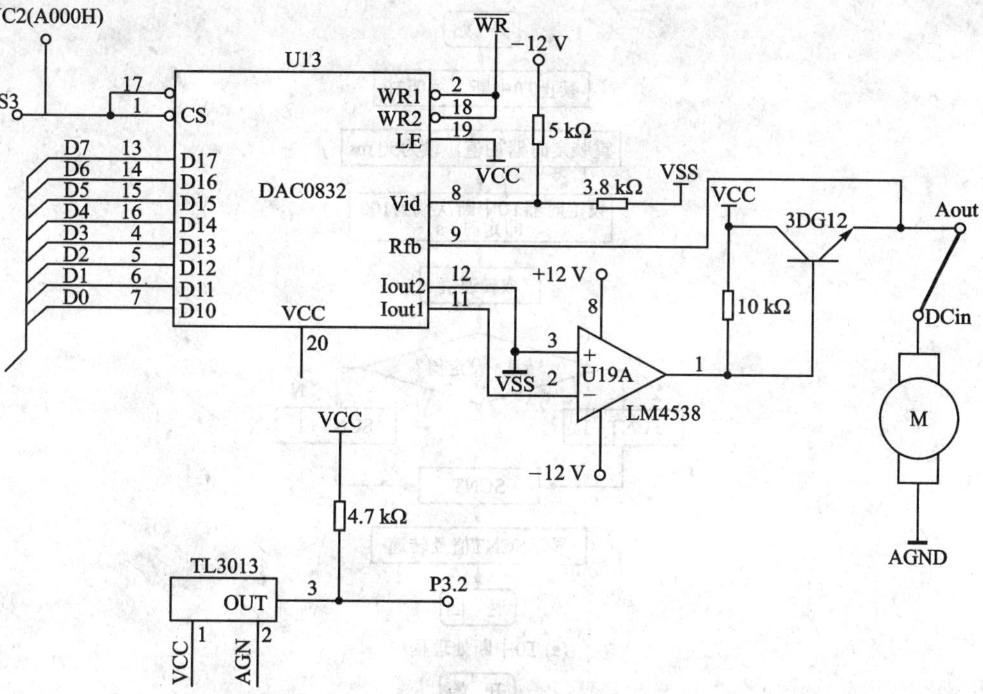

图 4.24　直流电动机转速测量与控制实验

Aout 孔输出为 5 V,则直流电动机快速旋转;在 0A000H 地址上写入 00H,则 Aout 孔输出为 0 V,则直流电动机停止转动。用示波器观察 CKM 孔测试点,当圆盘转动时,霍耳器件输出一系列脉冲。

(4) 编程并编译:首先将断点设在 T0(INT0)中断服务程序入口,并运行程序。如果程序进入中断处理程序入口,则表明中断初始化程序正确;如果碰不到断点则首先应检查初始化程序是否有错。然后,把断点设在中断程序结束,在单位定时内检查,INT0 中断计数值是否与电动机转速符合。按程序框图(见图 4.25)逐步调试整个实验程序,排除软件错误,连续运行时观察电动机旋转工作状态与数码管上的显示是否符合,反复修改程序,直至达到本实验设计要求为止。

七、程序框图

图 4.25 所示为直流电动机转速测量与控制实验的流程图。图(a)为 T0 中断处理;图(b)为 INT0 中断处理流程图。

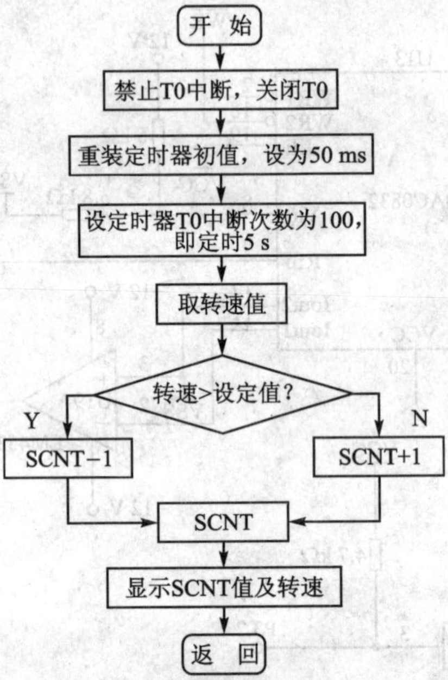

(a) T0中断处理程序

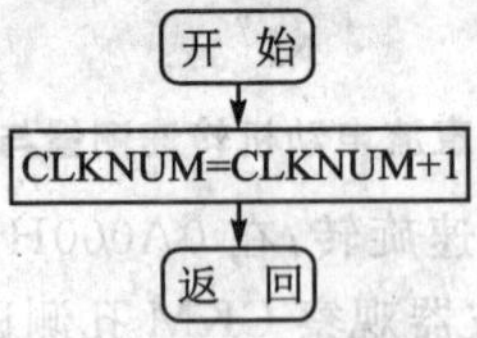

(b) INT0中断处理程序

图 4.25 直流电动机转速测量与控制实验流程图

八、程序清单

```
/*  ******直流电动机转速测量与控制实验*****/
#include <reg51.h>
#include <absacc.h>
#define LEDLEN        6
#define MODE          0x03
#define S_0832        XBYTE[0xa000]   //送 DAC0832 入口
#define CADDR         XBYTE[0xe100]   // 8155 控制字地址
#define BITCON        XBYTE[0xe101]   //八段数码管位控制口
#define CLK164        XBYTE[0xe102]   //八段数码管段控制口(接 74LS164 时钟位)
#define DAT164        XBYTE[0xe102]   //八段数码管段控制口(接 74LS164 数据位)
```

```
#define KEYIN            XBYTE[0xe103]        //键盘读入口
unsigned char ClkNum;                          //中断次数
unsigned char Temp;                            //中断次数暂存
unsigned char SCNT;                            //送入 DAC0832 的值
unsigned char SetP;                            //转速设定值
unsigned char Times = 100;                     //单位时间设为 5 s
unsigned char LEDBuf[LEDLEN];                  //显示缓冲
unsigned char KeyValue;                        //读入的按键的值
code unsigned char LEDCode[] = {               //八段数码管显示码
    0x3f, 0x06, 0x5b, 0x4f, 0x66, 0x6d, 0x7d, 0x07,
    0x7f, 0x6f, 0x77, 0x7c, 0x39, 0x5e, 0x79, 0x71
};
void Delay(unsigned char CNT)                  //延时程序
{
    unsigned char i;
    while (CNT-- ! =0)
    for (i=100;i ! =0;i--);
}
/*************** LED 显示驱动程序 ***************/
void DisplayLED()
{
    unsigned char i, j;
    unsigned char BitC;
    unsigned char LED;

    BitC = 0x01;                               //从右边开始显示
    for (i = 0;i < LEDLEN;i++)
    {
        BITCON = 0;                            //关所有八段数码管显示器
        LED = LEDBuf[i];
    for (j = 0;j < 8;j++)
    {
        if (LED & 0x80)
        {
            DAT164 = 1;                        //段码送 74LS164
        }
        else
        {
```

```
                DAT164 = 0;
            };
            CLK164 = CLK164|0x02;           //PB1 口输出高电平
            CLK164 = CLK164&0xfd;           //PB1 口输出低电平
            LED <<= 1;                      //段码左移
        };
        BITCON = BitC;                      //输出位控制信号,显示一位八段数码管显示器
        Delay(1);
        BitC <<= 1;                         //显示下一位
    };
}
/************** 键盘码定义 **************/
code unsigned char KeyTable[]={
            0x00, 0x01, 0x04, 0x07,
            0x0f, 0x02, 0x05, 0x08,
            0x0e, 0x03, 0x06, 0x09,
            0x0d, 0x0c, 0x0b, 0x0a,
            0x10, 0x11, 0x12, 0x13,
            0x14, 0x15, 0x16,
};
unsigned char MoniKey()                     //检测键盘有无按键按下
{
    BITCON = 0;
    return (~KEYIN & 0x0f);
}
/************** 读取键盘值 **************/
unsigned char GetKey()
{
    unsigned char GetNum;
    unsigned char i;
    unsigned char k;
    i=6;
    GetNum = 0x20;
    do
    {
        BITCON =~ GetNum;                   //扫描列,得到列值
        GetNum >>= 1;
        k =~KEYIN & 0x0f;
```

```
        }while((--i! =0)&&(k==0));        //六列没有扫描完,且没扫描到按下键则继续扫描
        if(k! =0)
        {                                  //有键按下
            i =i*4;
            if(k&2)
                i=i+1;
            else if(k&4)
                i=i+2;
            else if(k&8)
                i=i+3;
            BITCON =0;                     //撤销所有列输出线
            do
            {
                Delay(10);
            } while(MoniKey());            //等待键释放
            KeyValue = KeyTable[i];
            return (KeyValue);
        }
        else
        {
          return(0xff);                    //没键按下,返回 0xff
        };
}
//**************** 等键输入 ******************//
void WaitKey()
{
        do                                 //如果没有键按下则继续显示,送 DAC0832
        {
            DisplayLED();
            S_0832 = SCNT;
        }while (MoniKey()==0);             //等待键按下
}
//***************读键值 ******************//
unsigned char Read_Key()
{
        WaitKey();
        GetKey();
        while(KeyValue>10)                 //只允许小于 10 的键输入
```

```
    {
        WaitKey();
        GetKey();
    };
    return(KeyValue);                          //返回键值
}
//*************** T0 中断 *****************//
void timer0() interrupt 1 using 2
{
    ET0 = 0;
    TR0 = 0;
    TH0 = 0xD0;                                //定时 50 ms
    TL0 = 0x00;
    TR0 = 1;
    ET0 = 1;

    Times --;
    if(Times==0)                               //设定时间为 5 s
    {
        Times = 100;
        Temp  = ClkNum;
        ClkNum= 0;
        if(Temp>SetP)                          //当前转速与设定转速比较
        {
            SCNT = SCNT - 1;
        }                                      //大于设定值则减 1(偏移量为 1)
        else
        {
            SCNT = SCNT+1;
        };                                     //小于设定值则加 1
        LEDBuf[5] = LEDCode[SCNT/100];             //显示送 DAC0832 的值的百位
        LEDBuf[4] = LEDCode[(SCNT%100)/10];    //显示十位
        LEDBuf[3] = LEDCode[(SCNT%100)%10];    //显示个位
        LEDBuf[1] = LEDCode[Temp/10];              //显示转速的十位
        LEDBuf[0] = LEDCode[Temp%10];              //显示个位
    };
}
//************* 外部中断 0 *************//
```

```
void Int0() interrupt 0 using 1
{
    ClkNum = ClkNum+1;                          //中断次数计数
}
/***************主程序**************/
void main()
{
    unsigned char i;
    unsigned char Ten;                          //设定值十位
    unsigned char Unt;                          //设定值个位
    SCNT   = 0x7F;
    CADDR = MODE;                               //DAC8155 初始化
    TMOD   = 0x01;                              //定时器初始化
    TH0    = 0xD0;                              //定时 50 ms
    TL0    = 0x00;
    TR0    = 1;
    ET0    = 1;
    EA     = 1;
    EX0    = 1;
    IT0    = 1;
    IP     = 0x02;                              //设置中断优先级
    for(i=0;i<6;i++)                            //显示缓冲清零
    {
        LEDBuf[i] = LEDCode[0x10];
    };
    while(1)                                    //无限循环
    {
        if(MoniKey()==0)
        {
            WaitKey();
        }
        else
        {
            Read_Key();
            EA = 0;                             //关中断
            LEDBuf[1] = LEDCode[KeyValue];      //第一个键值
            Ten    =   KeyValue;
            Read_Key();
```

```
            LEDBuf[0] = LEDCode[KeyValue];        //第二个键值
            Unt  =  KeyValue;
            SetP = Ten * 10+Unt;                  //取设定值
            S_0832 = SCNT;
            Delay(1);                             //延时
            DisplayLED();
            EA = 1;                               //开中断
        };
    };
}
```

4.11 点阵式LCD液晶显示屏实验

一、实验目的

(1) 学习获取字模的方法。

(2) 学习122X32A液晶LCD的原理及编程方法。

二、实验内容

在LCD上显示"欢迎你常来做实验,感谢您使用该产品"字样。

三、实验器材

(1) 超想-3000TB综合实验仪	1台
(2) Keil C超级仿真器	1台
(3) 连线	若干根
(4) 计算机	1台

四、实验原理

(1) 本次实验选用的点阵式液晶LCD是122×32A,是内置SED1520液晶显示控制器的屏,它集行、列驱动器和控制器于一体,被广泛应用于小规模液晶显示模块中。SED1520内置2 560位显示RAM区,RAM中的1位数据控制液晶屏上一个像素的亮、暗,"1"为亮,"0"为暗。它具有16个行驱动输出和61个列驱动输出,可以直接与80系列或68系列的CPU相连,驱动占空比为1/32,显示内容122×32点。

(2) 122×32 A点阵式液晶LCD电路如图4.26所示。

(3) 引脚及极限参数:表4.2所列是122×32 A点阵式液晶LCD引脚符号及极限,

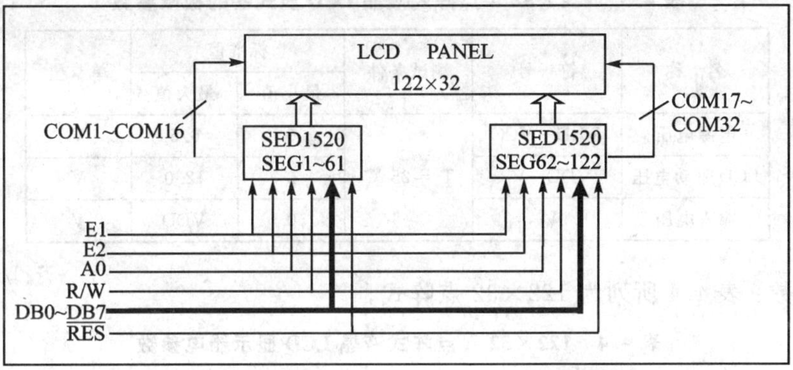

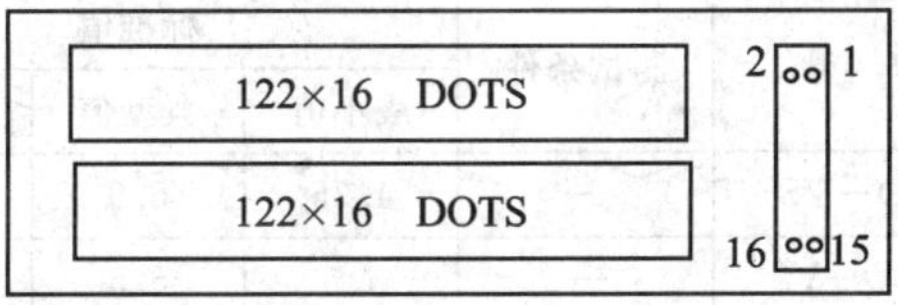

图 4.26　122×32 A 点阵式液晶 LCD 电路图

表 4.3所列是点阵式液晶 LCD 的极限参数。

表 4.2　122×32 A 点阵式液晶 LCD 显示器引脚及参数

引　脚	符　号	电　平	说　明
1	VDD	5.0 V	电源电压
2	GND	0 V	接地(GND)
3	V0	可调	LCD 驱动电压(对比度调节)
4	$\overline{RES}$	H/L	复位信号
5	E1	H,H→L	片使能信号 1
6	E2	H,H→L	片使能信号 2
7	R/W	H/L	H:读;L:写
8	A0	H/L	H:数据;L:指令
9	DB0	H/L	数据位 0
10	DB1	H/L	数据位 1
11	DB2	H/L	数据位 2
12	DB3	H/L	数据位 3
13	DB4	H/L	数据位 4
14	DB5	H/L	数据位 5
15	DB6	H/L	数据位 6
16	DB7	H/L	数据位 7

表 4.3　122×32 A 点阵式液晶 LCD 显式器的极限参数

名　称	符　号	测试条件	标准值		单　位
			最小值	最大值	
电源电压	VDD－VCC	$T_a=25$ ℃	0	6.5	V
LCD 驱动电压	VDD－V_o		0	12.0	V
输入电压	V_i		0	VDD	V

（4）电参数：表 4.4 所列为 122×32 点阵式。

表 4.4　122×32 A 点阵式液晶 LCD 显示器电参数

名　称		符　号	测试条件	标准值			单　位
				最小值	典型值	最大值	
电　压	逻辑	VDD－VSS	—	4.75	5.0	5.25	V
	LCD	VDD－V_0	—	4.5	5.5	6.5	V
电　流	逻辑	IDD	—	—	2.5	—	mA
	LCD	IEE	—	—	2.0	—	mA
LCD 工作电压（推荐值）		VDD－V_0	0 ℃	—	6.2	—	V
			25℃	—	5.5	—	V
			40℃	—	4.8	—	V
输入电压	高电平	V_{IH}	高电平	0.7VDD	—	VDD	V
	低电平	V_{IL}	低电平	0	—	0.3VDD	V

（5）SED1520 的读/写操作时序

图 4.27 给出了 8080 系列 MPU 的读/写操作时序，其数据的写入或读出是在 WR 或 RD 的下降沿进行。

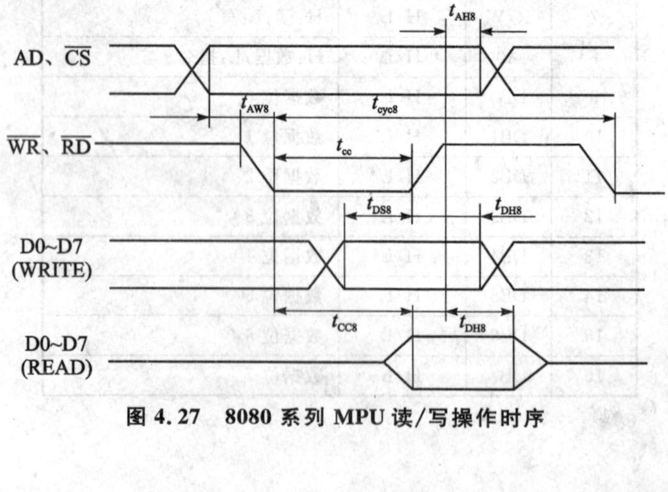

图 4.27　8080 系列 MPU 读/写操作时序

表 4.5 所列是对应的 SEWD1520 的时序特性参数表,表中参数的单位为 ns。

表 4.5 SEWD1520 时序特性参数

参 数	符 号	最小值/ns	最大值/ns
地址保持时间	TAH8	10	—
地址建立时间	TAW8	20	—
系统周期时间	TCYC8	1000	—
控制脉冲宽度	TCC	200	—
数据建立时间(R)	TDS8	80	—
数据保持时间(R)	TDH8	10	—
数据建立时间(W)	TACC8	—	90
数据保持时间(W)	TOH8	10	60

(6) SED1520 的指令系统

① 读状态字:当 SED1520 处于“忙”状态时,除了读状态指令外,其他指令均不起作用,因此在访问 SED1520 时,都要先读状态,判断是否“忙”。读状态的格式如下所列:

R/W	A0	D7	D6	D5	D4	D3	D2	D1	D0
1	0	BUSY	ADC	OFF/ON	REST	0	0	0	0

② 复位:该指令为软件复位指令,执行该指令后,显示起始行置为第 0 行,列地址置为 0,页地址置为 3。其复位格式如下所列:

R/W	A0	D7	D6	D5	D4	D3	D2	D1	D0
0	0	1	1	1	0	0	0	1	0

③ 显示起始行设置:该指令设置了对应显示屏上首行的显示 RAM 中的行号。有规律的修改该行号,可实现滚屏功能。行设置格式如下所列:

R/W	A0	D7	D6	D5	D4	D3	D2	D1	D0
0	0	1	1	0	显示起始行	(0~31)			
					A4	A3	A2	A1	A0

④ ADC 选择指令:该指令用来设置列驱动输出端与液晶显示屏的列驱动线的连接方式。一般设置为 ADC=0。该指令的格式如下所列:

R/W	A0	D7	D6	D5	D4	D3	D2	D1	D0
0	0	1	0	1	0	0	0	0	1/0

⑤ 显示开/关指令：下面所列是显示开/关指令的格式：

R/W	A0	D7	D6	D5	D4	D3	D2	D1	D0
0	0	1	0	1	0	1	1	1	1/0

其中 D0=1 为开显示；D0=1 为关显示。该指令不影响 RAM 的内容显示。

⑥ 设置页地址：设置页地址指令的格式如下所列：

R/W	A0	D7	D6	D5	D4	D3	D2	D1	D0
0	0	1	0	1	1	1	0	页地址(1～3)	

⑦ 设置列地址(COLUMN ADDRESS)：设置列地址指令的格式如下所列：

R/W	A0	D7	D6	D5	D4	D3	D2	D1	D0
0	0	0	A6	A5	A4	A3	A2	A1	A0

列地址(0～79)

⑧ 占空比选择：在选择占空比指令时，如果 D0=0，则选择的占空比为 1/16；D0=1，则选择的占空比为 1/32。因此，当驱动 32 行液晶显示时，应使 D0=1；驱动 16 行时，应使 D0=0。

⑨ 写数据：写数据指令的格式如下所列：

R/W	A0	D7	D6	D5	D4	D3	D2	D1	D0
0	1	显示数据							

⑩ 读数据：读数据指令的格式如下所列：

R/W	A0	D7	D6	D5	D4	D3	D2	D1	D0
1	1	显示数据							

注意：SED1520 详细的指令系统介绍及相关具体参数请参阅该芯片 Datasheet 说明。

五、实验接线图

点阵式 LCD 液晶显示屏实验接线图如图 4.28 所示。

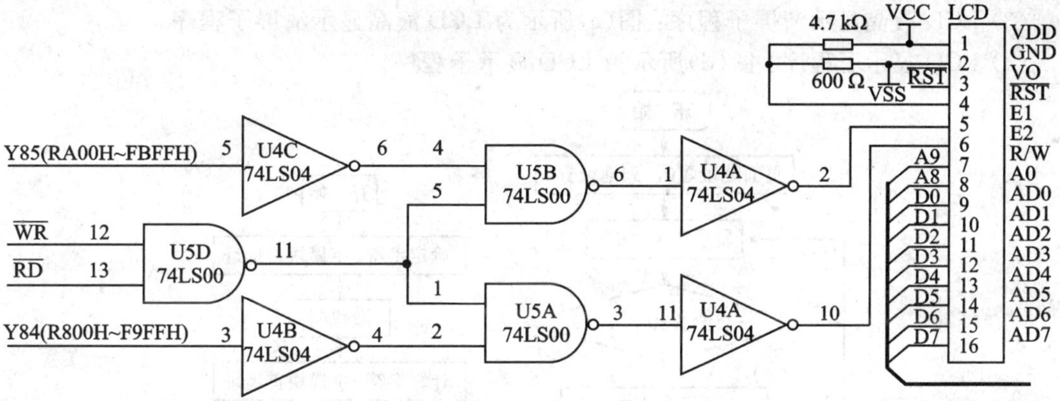

图 4.28 点阵式 LCD 液晶显示屏实验接线图

六、程序框图

点阵式 LCD 液晶显示屏实验的程序流程框图如图 4.29 所示。

(1) LCD 液晶显示屏主流程图如图(a)所示。

(2) LCD 液晶显示初始化子程序：图(b)为 LCD 液晶显示初始化子程序。

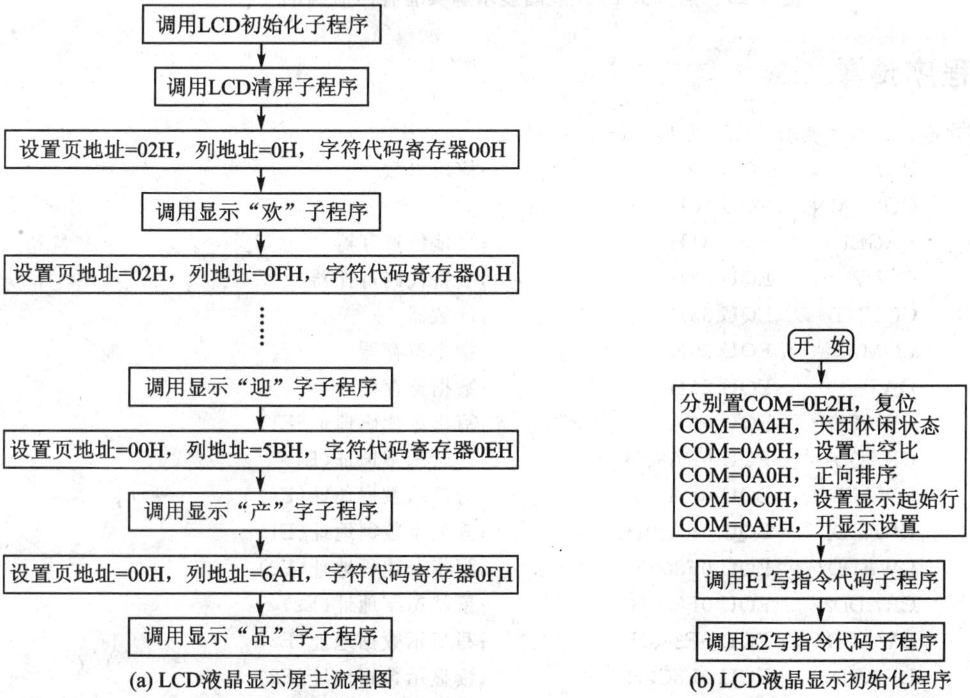

图 4.29 点阵式 LCD 液晶显示屏实验程序流程图

(3) LCD 液晶显示清屏子程序：图(c)所示为 LCD 液晶显示清屏子程序。

(4) LCD 显示子程序：图(d)所示为 LCD 显示子程序。

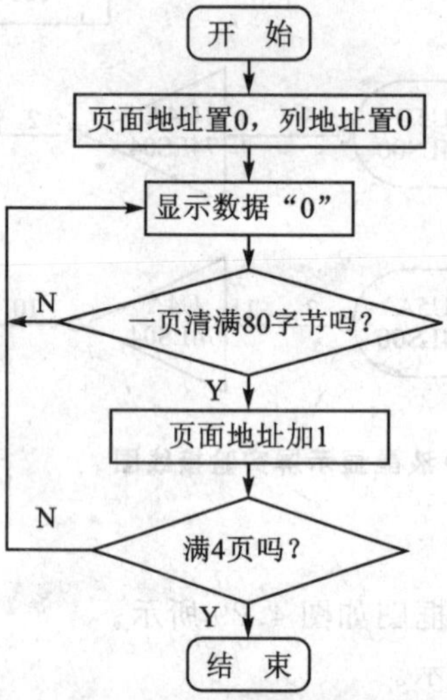

(c) LCD液晶显示清屏子程序

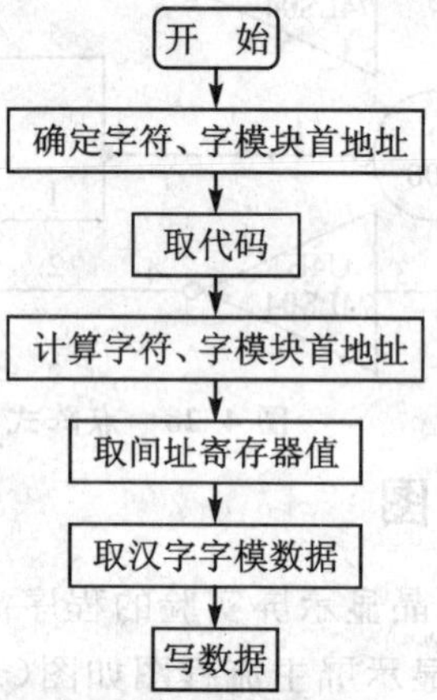

(d) LCD显示子程序

图 4.29 点阵式 LCD 液晶显示屏实验程序流程图

七、程序清单

```
;显示"欢迎你常来做实验感谢您使用该产品"字样
        PD1       EQU 60          ;模块参数
        COLUMN    EQU 30H
        PAGE1     EQU 31H         ;页地址寄存器
        CODE1     EQU 32H         ;字符代码寄存器
        COUNT     EQU 33H         ;计数器
        COM       EQU 20H         ;指令寄存器
        DAT       EQU 21H         ;数据寄存器
        CWADD1    EQU 0FA00H      ;写指令代码地址(E1)
        CRADD1    EQU 0FA80H      ;读状态字地址(E1)
        DWADD1    EQU 0FA40H      ;写显示数据地址(E1)
        DRADD1    EQU 0FAc0H      ;读显示数据地址(E1)
        CWADD2    EQU 0F800H      ;写指令代码地址(E2)
        CRADD2    EQU 0F880H      ;读状态字地址(E2)
        DWADD2    EQU 0F840H      ;写显示数据地址(E2)
        DRADD2    EQU 0F8C0H      ;读显示数据地址(E2)
        ORG       0000H
        MOV       SP,#60H
```

```
LCALL   INT           ;调用初始化子程序
LCALL   CLEAR         ;调用清屏子程序
MOV     PD1,#3DH
MOV     PAGE1,#02H    ;页地址寄存器置初值
MOV     COLUMN,#0H    ;列地址寄存器置初值
MOV     CODE1,#00H    ;字符代码寄存器置初值
LCALL   CCW_PR        ;显示“欢”
MOV     PAGE1,#02H
MOV     COLUMN,#0fH
MOV     CODE1,#01H
LCALL   CCW_PR        ;显示“迎”
MOV     PAGE1,#02H
MOV     COLUMN,#1eH
MOV     CODE1,#02H
LCALL   CCW_PR        ;显示“你”
MOV     PAGE1,#2H
MOV     COLUMN,#2dH
MOV     CODE1,#03H
LCALL   CCW_PR        ;显示“常”
MOV     PAGE1,#2H
MOV     COLUMN,#61
MOV     CODE1,#04H
LCALL   CCW_PR        ;显示“来”
MOV     PAGE1,#2H
MOV     COLUMN,#76
MOV     CODE1,#05H
LCALL   CCW_PR        ;显示“做”
MOV     PAGE1,#2H
MOV     COLUMN,#91
MOV     CODE1,#06H
LCALL   CCW_PR        ;显示“实”
MOV     PAGE1,#2H
MOV     COLUMN,#106
MOV     CODE1,#07H
LCALL   CCW_PR        ;显示“验”
MOV     PD1,#3DH
MOV     PAGE1,#00H    ;页地址寄存器置初值
MOV     COLUMN,#0H    ;列地址寄存器置初值
MOV     CODE1,#08H    ;字符代码寄存器置初值
```

```
        LCALL   CCW_PR          ;显示"感"
        MOV     PAGE1,#00H
        MOV     COLUMN,#0fH
        MOV     CODE1,#09H
        LCALL   CCW_PR          ;显示"谢"
        MOV     PAGE1,#0H
        MOV     COLUMN,#1eH
        MOV     CODE1,#0aH
        LCALL   CCW_PR          ;显示"您"
        MOV     PAGE1,#0H
        MOV     COLUMN,#2dH
        MOV     CODE1,#0bH
        LCALL   CCW_PR          ;显示"使"
        MOV     PAGE1,#0H
        MOV     COLUMN,#61
        MOV     CODE1,#0cH
        LCALL   CCW_PR          ;显示"用"
        MOV     PAGE1,#0H
        MOV     COLUMN,#76
        MOV     CODE1,#0dH
        LCALL   CCW_PR          ;显示"该"
        MOV     PAGE1,#0H
        MOV     COLUMN,#91
        MOV     CODE1,#0eH
        LCALL   CCW_PR          ;显示"产"
        MOV     PAGE1,#0H
        MOV     COLUMN,#106
        MOV     CODE1,#0fH
        LCALL   CCW_PR          ;显示"品"
        SJMP    $
CCW_PR:
        MOV     DPTR,#CCATB     ;确定字符字模块首地址
        MOV     A,CODE1         ;取代码
        MOV     B,#20H          ;字模块宽度为32字节
        MUL     AB              ;代码×32
        ADD     A,DPL           ;字符字模块首地址=字模库首地址+代码×32
        MOV     DPL,A
        MOV     A,B
        ADDC    A,DPH
```

```
        MOV     DPH,A
        PUSH    COLUMN              ;列地址入栈
        PUSH    COLUMN              ;列地址入栈
        MOV     CODE1,#00H          ;代码寄存器借用为间址寄存器
CCW_1:
        MOV     COUNT,#10H          ;计数器设定为 16
        MOV     A,PAGE1             ;读页地址寄存器
        ANL     A,#03H
        ORL     A,#0B8H             ;"或"页地址设置代码
        MOV     COM,A               ;写页地址设置指令
        LCALL   PR0
        LCALL   PR3
        POP     COLUMN              ;取列地址值
        MOV     A,COLUMN            ;读列地址寄存器
        CLR     C
        SUBB    A,#PD1              ;列地址-模块参数
        JC      CCW_2               ;<0 为左半屏显示区域(E1)
        MOV     COLUMN,A            ;≥0 为右半屏显示区域(E2)
        MOV     A,PAGE1
        SETB    ACC.3               ;设置区域标志位
        MOV     PAGE1,A             ;"0"为 E1,"1"为 E2
CCW_2:
        MOV     COM,COLUMN          ;设置列地址值
        MOV     A,PAGE1             ;判区域标志以确定设置哪个控制器
        JNB     ACC.3,CCW_3
        LCALL   PR3                 ;区域 E2
        LJMP    CCW_4
CCW_3:
        LCALL   PR0                 ;区域 E1
CCW_4:
        MOV     A,CODE1             ;取间址寄存器值
        MOVC    A,@A+DPTR           ;取汉字字模数据
        MOV     DAT,A               ;写数据
        MOV     A,PAGE1
        JNB     ACC.3,CCW_5
        LCALL   PR4                 ;区域 E2
        LJMP    CCW_6
CCW_5:
        LCALL   PR1                 ;区域 E1
```

```
CCW_6:
        INC     CODE1           ;间址寄存器加 1
        INC     COLUMN          ;列地址寄存器加 1
        MOV     A,COLUMN        ;判列地址是否超出区域范围
        CJNE    A,#PD1,CCW_7
CCW_7:
        JC      CCW_8           ;未超出则继续
        MOV     A,PAGE1         ;超出则判是否在区域 E2
        JB      ACC.3,CCW_8     ;在区域 E2 则退出
        SETB    ACC.3           ;在区域 E1 则修改成区域 E2
        MOV     PAGE1,A
        MOV     COM,#00H        ;设置区域 E2 列地址为“0”
        LCALL   PR3
CCW_8:
        DJNZ    COUNT,CCW_4     ;当页循环
        MOV     A,PAGE1         ;读页地址寄存器
        JB      ACC.7,CCW_9     ;判完成标志 D7 位,“1”则完成退出
        INC     A               ;否则页地址加“1”
        SETB    ACC.7
        CLR     ACC.3
        MOV     PAGE1,A
        MOV     CODE1,#10H      ;间接寄存器设置为 16
        LJMP    CCW_1           ;大循环
CCW_9:
        RET
CCATB:
        DB  04H,34H,0C4H,04H,0C4H,3CH,20H,10H    ;“欢”
        DB  0FH,0E8H,08H,08H,28H,18H,00H,00H
        DB  10H,08H,06H,01H,82H,8CH,40H,30H
        DB  0CH,03H,0CH,10H,60H,0C0H,40H,00H
        DB  40H,42H,44H,0C8H,00H,0FCH,04H,02H    ;“迎”
        DB  82H,0FCH,04H,04H,04H,0FEH,04H,00H
        DB  00H,40H,20H,1FH,20H,47H,42H,41H
        DB  40H,7FH,40H,42H,44H,63H,20H,00H
        DB  40H,20H,0F8H,07H,40H,20H,18H,0FH     ;“你”
        DB  08H,0C8H,08H,08H,28H,18H,00H,00H
        DB  00H,00H,0FFH,00H,00H,08H,04H,43H
        DB  80H,7FH,00H,01H,06H,0CH,00H,00H
        DB  20H,18H,08H,0AH,0ECH,0A8H,0A8H,0AFH  ;“常”
```

```
DB      0A8H,0A8H,0ECH,0AH,08H,28H,18H,00H
DB      00H,00H,00H,3EH,02H,02H,02H,0FFH
DB      02H,22H,42H,3FH,02H,00H,00H,00H
DB      00H,08H,28H,48H,0C8H,08H,08H,0FFH         ;"来"
DB      08H,88H,48H,68H,0CH,88H,00H,00H
DB      21H,21H,11H,11H,09H,05H,03H,0FFH
DB      03H,05H,09H,19H,11H,31H,11H,00H
DB      40H,20H,0F8H,17H,10H,10H,0FEH,10H         ;"做"
DB      30H,0D0H,1FH,10H,10H,0F8H,10H,00H
DB      00H,00H,0FFH,00H,7FH,21H,21H,21H
DB      0BFH,41H,36H,08H,37H,0C0H,40H,00H
DB      10H,0CH,04H,44H,8CH,94H,35H,06H           ;"实"
DB      0F4H,04H,04H,04H,04H,14H,0CH,00H
DB      02H,82H,82H,42H,42H,23H,12H,0EH
DB      03H,0AH,12H,22H,42H,0C3H,02H,00H
DB      02H,0FAH,02H,02H,0FFH,42H,20H,50H         ;"验"
DB      4CH,43H,4CH,50H,20H,60H,20H,00H
DB      10H,31H,11H,49H,89H,7FH,42H,5CH
DB      40H,4FH,60H,58H,47H,60H,40H,00H
DB      00H,0FCH,14H,0D4H,54H,54H,54H,0D4H        ;"感"
DB      14H,0FFH,04H,85H,66H,04H,00H,00H
DB      04H,43H,30H,07H,72H,82H,8AH,93H
DB      0B4H,82H,0E1H,12H,24H,64H,07H,00H
DB      40H,42H,0CCH,00H,0FCH,56H,55H,54H         ;"谢"
DB      0FEH,24H,20H,20H,0FFH,20H,20H,00H
DB      00H,00H,3FH,52H,2BH,12H,4AH,86H
DB      7FH,01H,46H,80H,7FH,00H,00H,00H
DB      40H,20H,10H,0FCH,23H,10H,8CH,67H          ;"您"
DB      04H,0F4H,04H,44H,94H,8CH,00H,00H
DB      40H,30H,00H,77H,80H,81H,88H,92H
DB      0B4H,83H,80H,0E0H,00H,11H,60H,00H
DB      40H,20H,0F8H,07H,04H,0F4H,14H,14H         ;"使"
DB      14H,0FFH,14H,14H,14H,0F6H,04H,00H
DB      00H,00H,0FFH,00H,80H,43H,45H,29H
DB      19H,17H,21H,21H,41H,0C3H,40H,00H
DB      00H,00H,0FEH,22H,22H,22H,22H,0FEH         ;"用"
DB      22H,22H,22H,22H,0FFH,02H,00H,00H
DB      80H,60H,1FH,02H,02H,02H,02H,7FH
DB      02H,02H,42H,82H,7FH,00H,00H,00H
```

```
        DB     40H,42H,0C4H,00H,04H,84H,0C4H,0B5H      ;"该"
        DB     8EH,84H,84H,64H,04H,06H,04H,00H
        DB     00H,00H,7FH,20H,90H,88H,50H,48H
        DB     24H,13H,08H,14H,23H,0C0H,00H,00H
        DB     00H,08H,08H,88H,98H,0E8H,89H,8EH        ;"产"
        DB     88H,0C8H,0A8H,98H,0CCH,88H,00H,00H
        DB     80H,40H,30H,0FH,00H,00H,00H,00H
        DB     00H,00H,00H,00H,00H,00H,00H,00H
        DB     00H,00H,00H,7EH,22H,22H,0A2H,22H        ;"品"
        DB     22H,22H,22H,7FH,02H,80H,00H,00H
        DB     00H,0FFH,41H,41H,41H,41H,0FFH,01H
        DB     0FFH,41H,41H,41H,41H,0FFH,01H,00H
INT:
        MOV        COM,#0E2H                  ;初始化子程序,复位
        LCALL      PR0
        LCALL      PR3
        MOV        COM,#0A4H                  ;关闭休闲状态
        LCALL      PR0
        LCALL      PR3
        MOV        COM,#0A9H                  ;设置1/32占空比
        LCALL      PR0
        LCALL      PR3
        MOV        COM,#0A0H                  ;正向排序设置
        LCALL      PR0
        LCALL      PR3
        MOV        COM,#0C0H                  ;设置显示起始行为第一行
        LCALL      PR0
        LCALL      PR3
        MOV        COM,#0AFH                  ;开显示设置
        LCALL      PR0
        LCALL      PR3
        RET
CLEAR:
        MOV        R4,#00H                    ;清屏子程序,页面地址暂存器设置
CLEAR1:
        MOV        A,R4                       ;取页地址值
        ORL        A,#0B8H                    ;"或"页面地址设置代码
        MOV        COM,A                      ;页面地址设置
        LCALL      PR0
```

```
        LCALL   PR3
        MOV     COM,#00H            ;列地址设置为"0"
        LCALL   PR0
        LCALL   PR3
        MOV     R3,#50H             ;一页清 80 字节
CLEAD2:
        MOV     DAT,#00H            ;显示数据为"0"
        LCALL   PR1
        LCALL   PR4
        DJNZ    R3,CLEAD2           ;页内字节清零循环
        INC     R4                  ;页地址暂存器加 1
        CJNE    R4,#04H,CLEAR1      ;RAM 区清零循环
        RET
PR0:
        PUSH    DPL                 ;写指令代码子程序(E1)
        PUSH    DPH
        MOV     DPTR,#CRADD1
PR01:
        MOVX    A,@DPTR
        JB      ACC.7,PR01
        MOV     DPTR,#CWADD1
        MOV     A,COM
        MOVX    @DPTR,A
        POP     DPH
        POP     DPL
        RET
PR1:
        PUSH    DPL                 ;写显示数据子程序(E1)
        PUSH    DPH
        MOV     DPTR,#CRADD1
PR11:
        MOVX    A,@DPTR
        JB      ACC.7,PR11
        MOV     DPTR,#DWADD1
        MOV     A,DAT
        MOVX    @DPTR,A
        POP     DPH
        POP     DPL
        RET
```

```
PR2:
        PUSH    DPL                              ;读显示数据子程序(E1)
        PUSH    DPH
        MOV     DPTR,#CRADD1
PR21:
        MOVX    A,@DPTR
        JB      ACC.7,PR21
        MOV     DPTR,#DRADD1
        MOVX    A,@DPTR
        MOV     DAT,A
        POP     DPH
        POP     DPL
        RET
PR3:
        PUSH    DPL                              ;写指令代码子程序(E2)
        PUSH    DPH
        MOV     DPTR,#CRADD2
PR31:
        MOVX    A,@DPTR
        JB      ACC.7,PR31
        MOV     DPTR,#CWADD2
        MOV     A,COM
        MOVX    @DPTR,A
        POP     DPH
        POP     DPL
        RET
PR4:
        PUSH    DPL                              ;写显示数据子程序(E2)
        PUSH    DPH
        MOV     DPTR,#CRADD2
PR41:
        MOVX    A,@DPTR
        JB      ACC.7,PR41
        MOV     DPTR,#DWADD2
        MOV     A,DAT
        MOVX    @DPTR,A
        POP     DPH
        POP     DPL
        RET
PR5:
```

```
        PUSH    DPL                 ;读显示数据子程序(E2)
        PUSH    DPH
        MOV     DPTR,#CRADD2
PR51:
        MOVX    A,@DPTR
        JB      ACC.7,PR21
        MOV     DPTR,#DRADD2
        MOVX    A,@DPTR
        MOV     DAT,A
        POP     DPH
        POP     DPL
        RET
        END
```

4.12 红外线遥控实验

一、实验目的

(1) 了解红外遥控电路的原理及编码方法。

(2) 了解远程控制的一般原理和方法。

(3) 学习如何编写红外发射和接收程序。

(4) 了解单片机控制外部设备的常用电路。

二、实验内容

利用超想-3000TB综合实验仪上的红外线接收、发送器件,编写程序发送和接红外信号,实现近距离的无线通信。

三、实验设备与器材

(1) 超想-3000TB综合实验仪	2台
(2) 连线	若干根
(3) Keil C 超级仿真器	2台

四、实验原理

红外遥控是现今最常用的近距离无线通信方式之一,它将数字信号通过红外线发送出去。为了让受控设备能识别信号,要将数字信号编码;红外信号有很多种编码格式,常见的有PHILIPS的RC5格式和NEC格式。本实验为了简化,采用另外的编码方式,下面介绍具体的原理。

在普通场合，如白炽灯、日光和发热体等都是红外发射源，这些发射源都会干扰红外信号。所以，在发射时，需要将数字脉冲信号调制在 30～40 kHz 的载波上，以抑制这些红外干扰。本实验采用最常用的 38 kHz 载波，其接收部分采用的是一体化接收头，即将信号解调和放大全部做在一起，提高了可靠性。这样，接收头送到单片机的就是编码的数据信号，而不是调制信号，而数据的解码需要通过单片机来完成。

如图 4.30 所示反映了实验中使用的编码包括四部分(即引导码、4 位数据码、4 位数据反码和数据间隔)的波形图。引导码用于标识一个数据的开始，是由 5 ms 的低电平和 5 ms 的高电平组成。数据码为有效数据，数据反码是将有效数据取反后编码，用于提高数据的识别率。数字位“0”由 1 ms 低电平和 1 ms 高电平组成；数字位“1”由 1 ms 低电平和 3 ms 高电平组成。数据间隔为 20 ms。

从图中数据“9”的编码波形可以看出，在用脉冲控制红外发射管时是低电平有效，即当输出低电平时，红外管导通发光。单片机输出的脉冲信号被反向驱动后，驱动红外管产生脉冲信号。

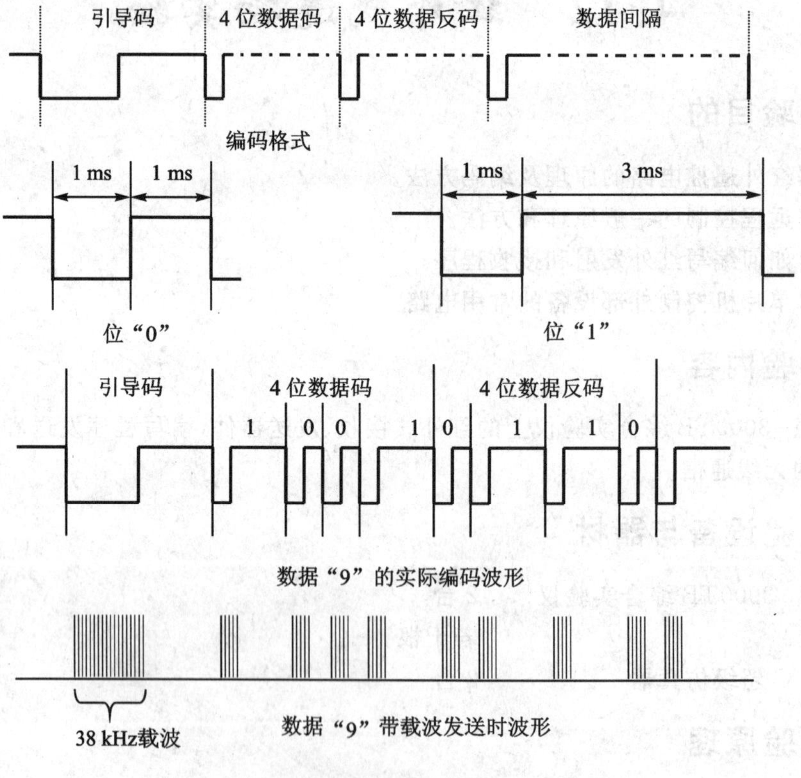

图 4.30 红外线遥控实验编码部分波形

接收红外编码信号时，需要单片机来解码。根据编码原理，解码是通过判断信号变化时间长短，就可以实现对信号进行译码，从而得到对方发过来的数据。

五、实验接线图

图 4.31 为红外线遥控实验接线图。

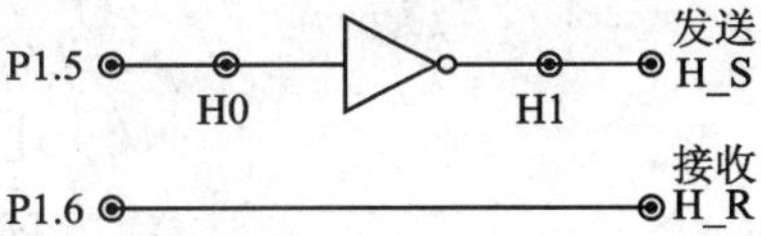

图 4.31 红外线遥控实验接线图

六、实验步骤

(1) 本实验需要两台实验系统,即一台发送,另一台接收。

(2) 设定仿真模式为程序空间在仿真器上,数据空间在用户板上。

(3) P1.5 孔经反向器后接 H_S 孔 ,P1.6 孔接 H_R 孔。

(4) 编写程序、调试并运行程序后,测试观察实验台上的实验现象,并记录结果。

七、程序框图

图 4.32 给出红外发送和接收的子程序的框图,有关键盘和显示的程序框图参见前面的实验。

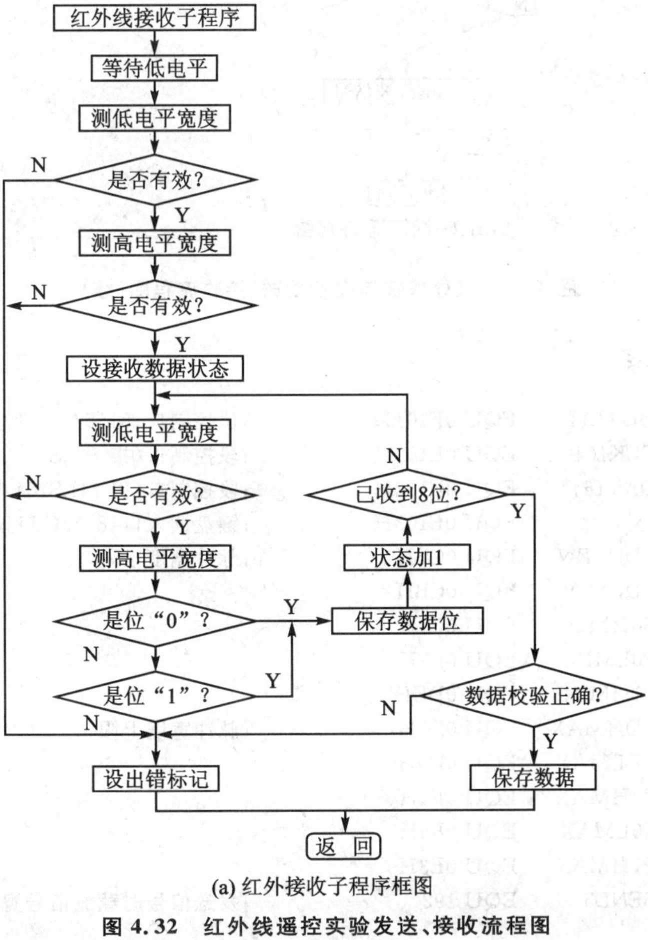

(a) 红外接收子程序框图

图 4.32 红外线遥控实验发送、接收流程图

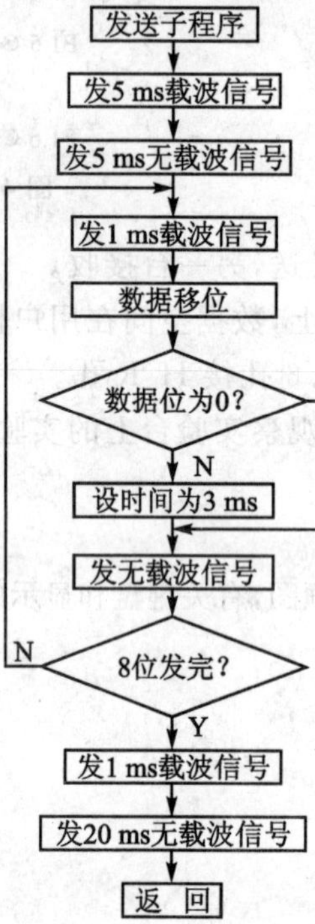

(b) 红外发射子程序框图

图 4.32　红外线遥控实验发送、接收流程图(续)

八、程序清单

```
OUTBIT     EQU 0E101H          ;位控制口,8155A 口地址
CLK164     EQU 0E102H          ;段控制口(接 74LS164 时钟位),8155B 口地址
DAT164     EQU 0E102H          ;段控制口(接 74LS164 数据位),8155B 口地址
IN         EQU 0E103H          ;键盘读入口,8155C 口地址
LDHMIN     EQU 0CBH            ;脉冲宽度下限
LDLMIN     EQU 0CBH
P0HMIN     EQU 0F3H
P0LMIN     EQU 0F3H
P1HMIN     EQU 0DEH
LDHMAX     EQU 0D0H            ;脉冲宽度上限
LDLMAX     EQU 0D0H
P0HMAX     EQU 0F9H
P0LMAX     EQU 0F9H
P1HMAX     EQU 0E3H
SEND5      EQU 192             ;发送信号时载波信号宽度,5 ms
```

```
        SEND1       EQU 38                          ;1 ms
        SEND3       EQU 115                         ;3 ms
        LEDBUF      EQU 60H                         ;显示缓冲
        STATUS      EQU 70H
        RCVDAT      EQU 71H
        SNDDAT      EQU 72H
        VLDMIN      EQU 73H
        VLDMAX      EQU 74H
        HASDAT      EQU 75H
        ORG         0030H
        LJMP        MAIN
LEDMAP:                                             ;八段数码管显示码
        DB          3FH，06H，5BH，4FH，66H，6DH，7DH，07H
        DB          7FH，6FH，77H，7CH，39H，5EH，79H，71H
DELAY:                                              ;延时子程序
        MOV         R7，#10H
DELAYLOOP:
        CALL        IR_RECEIVE
        DJNZ        R7，DELAYLOOP
        DJNZ        R6，DELAYLOOP
        RET
DISPLAYLED:
        MOV         R0，#LEDBUF
        MOV         R1，#6                          ;共 6 个数码管
        MOV         R2，#00100000B                  ;从左边开始显示
LOOP:
        MOV         DPTR，#OUTBIT
        MOV         A，#0
        MOVX        @DPTR，A                        ;关所有数码管
        MOV         A，@R0
        MOV         B，#8                           ;送 74LS164
DLP:
        RLC         A
        MOV         R3，A
        MOV         ACC.0，C
        MOV         DPTR，#DAT164
        ANL         A，#0FDH
        MOVX        @DPTR，A
        MOV         DPTR，#CLK164
        ORL         A，#02H
        MOVX        @DPTR，A
```

```
            ANL         A,#0FDH
            MOVX        @DPTR, A
            MOV         A, R3
            DJNZ        B, DLP
            MOV         DPTR, #OUTBIT
            MOV         A, R2
            MOVX        @DPTR, A                ;显示一位数码管
            MOV         R6, #1
            CALL        DELAY
            MOV         A, R2                   ;显示下一位
            RR          A
            MOV         R2, A
            INC         R0
            DJNZ        R1, LOOP
            RET
TESTKEY:                                        ;判断是否有键按下
            MOV         DPTR, #OUTBIT
            MOV         A, #0
            MOVX        @DPTR, A                ;输出线置为0
            MOV         DPTR, #IN
            MOVX        A, @DPTR                ;读入键状态
            CPL         A
            ANL         A, #0FH                 ;高四位不用
            RET
KEYTABLE:                                       ;键码定义(综合实验仪已经固定)
            DB          00H, 01H, 04H, 07H
            DB          0FH, 02H, 05H, 08H
            DB          0EH, 03H, 06H, 09H
            DB          0DH, 0CH, 0BH, 0AH
            DB          10H,10H,10H,10H,10H
            DB          10H,10H,10H,10H,10H
GETKEY:                                         ;读取键码值
            MOV         DPTR, #OUTBIT
            MOV         P2, DPH
            MOV         R0, #LOW(IN)
            MOV         R1, #00100000B
            MOV         R2, #6
KLOOP:
            MOV         A, R1                   ;找出键所在列
            CPL         A
            MOVX        @DPTR, A
```

```
            CPL     A
            RR      A
            MOV     R1, A               ;下一列
            MOVX    A, @R0
            CPL     A
            ANL     A, #0FH
            JNZ     GOON1               ;该列有键入
            DJNZ    R2, KLOOP
            MOV     R2, #0FFH           ;没有键按下,返回 0FFH
            SJMP    EXIT
GOON1:
            MOV     R1, A               ;键值=列×4+行
            MOV     A, R2
            DEC     A
            RL      A                   ;左移一位,A×2
            RL      A                   ;左移一位,A×2
            MOV     R2, A               ;R2 = (R2 - 1)×4
            MOV     A, R1               ;R1 中为读入的行值
            MOV     R1, #4
LOOPC:
            RRC     A                   ;移位找出所在行
            JC      EXIT
            INC     R2                  ;R2=R2+行值
            DJNZ    R1, LOOPC
EXIT:
            MOV     A, R2               ;取出键码
            MOV     DPTR, #KEYTABLE
            MOVC    A, @A+DPTR
            MOV     R2, A
WAITRELEASE:
            MOV     DPTR, #OUTBIT       ;等键释放
            CLR     A
            MOVX    @DPTR, A
            MOV     R6, #10
            CALL    DELAY
            CALL    TESTKEY
            JNZ     WAITRELEASE
            MOV     A, R2
            RET
TESTLOW:                                ;检测低电平宽度
            MOV     R7,#0
```

```
WAITHIGH0:
        MOV     R6,#0BH
WAITHIGH:
        JB      P1.6, LOWWIDTH
        DJNZ    R6,WAITHIGH
        DJNZ    R7,WAITHIGH0
        MOV     R7,#0               ;出错
LOWWIDTH:
        MOV     A,R7
        RET
TESTHIGH:                           ;检测高电平宽度
        MOV     R7,#0
WAITLOW0:
        MOV     R6,#0BH
WAITLOW1:
        JNB     P1.6, HIGHWIDTH
        DJNZ    R6, WAITLOW1
        DJNZ    R7, WAITLOW0
        MOV     R7,#0               ;出错
HIGHWIDTH:
        MOV     A,R7
        RET
TESTVALID:                          ;判断脉冲是否在有效范围内
        CJNE    A,VLDMIN,VT01
        JMP     VALID               ;A = #MIN
VT01:
        JNC     VT02                ;A > #MIN
        JMP     INVALID             ;A < #MIN
VT02:
        CJNE    A,VLDMAX,VT03
        JMP     VALID               ;A = #MAX
VT03:
        JNC     INVALID             ;A > #MAX
        JMP     VALID               ;A < #MAX
INVALID:
        SETB    C
        RET
VALID:
        CLR     C
        RET
IR_RECEIVE:                         ;红外接收
```

```
        PUSH    PSW
        SETB    RS0
        JNB     P1.6, LEAD_L        ;判断是否有红外信号
        POP     PSW                 ;无,则退出
        RET
LEAD_L:
        CALL    TESTLOW             ;引导码低电平
        MOV     VLDMIN,#LDLMIN
        MOV     VLDMAX,#LDLMAX
        CALL    TESTVALID
        JNC     LEAD_H
        JMP     ERROR
LEAD_H:
        CALL    TESTHIGH            ;引导码高电平
        MOV     VLDMIN,#LDHMIN
        MOV     VLDMAX,#LDHMAX
        CALL    TESTVALID
        JNC     PULSE_L
        JMP     ERROR
PULSE_L:
        MOV     STATUS,#1           ;开始接收数据码
PULSE_T:
        CALL    TESTLOW             ;数据码低电平
        MOV     VLDMIN,#P0LMIN
        MOV     VLDMAX,#P0LMAX
        CALL    TESTVALID
        JNC     ITS0L
        JMP     ERROR
ITS0L:
        CALL    TESTHIGH            ;数据码高电平
        MOV     VLDMIN,#P0HMIN
        MOV     VLDMAX,#P0HMAX
        CALL    TESTVALID           ;'0'数据位的高电平
        JNC     ITS0H
        JMP     NEXT5
ITS0H:
        MOV     A,RCVDAT            ;数据码移位到缓冲
        RRC     A
        MOV     RCVDAT,A
        INC     STATUS
        MOV     A,STATUS
```

```
        CJNE    A,#9, PULSE_T          ;是否已收到8位数据
        JMP     PROCESS
NEXT5:
        MOV     VLDMIN,#P1HMIN
        MOV     VLDMAX,#P1HMAX
        CALL    TESTVALID              ;'1'数据位的高电平
        JNC     ITS1H
        JMP     ERROR
ITS1H:
        SETB    C
        JMP     ITS0H
PROCESS:                               ;校验已经收到的数据
        PUSH    B
        MOV     A,RCVDAT
        MOV     B,A
        ANL     B,#0FH
        ANL     A,#0F0H
        SWAP    A
        XRL     A,B
        POP     B
        CJNE    A,#0FH,ERROR
        MOV     A,RCVDAT
        ANL     A,#0FH
        MOV     HASDAT,#1
        POP     PSW
        RET
ERROR:                                 ;出错退出
        POP     PSW
        RET
CARRIER0:
        SETB    P1.5                   ;发送载波信号,P1.5为发送脚
        NOP
        NOP
        NOP
        NOP
        NOP
        CLR     P1.5
        RET
CARRIER1:
        CLR     P1.5                   ;发送载波信号,P1.5为发送脚
        NOP
```

```
        NOP
        NOP
        NOP
        NOP
        CLR     P1.5
        RET
IR_SEND:
        MOV     R0,#SEND5           ;引导码低电平
LEADERH:
        CALL    CARRIER0            ;发载波信号
        DJNZ    R0,LEADERH
        MOV     R0,#SEND5           ;引导码高电平
LEADERL:
        CALL    CARRIER1            ;无载波信号
        DJNZ    R0,LEADERL
        MOV     STATUS,#0           ;准备发数据位
SENDP:
        MOV     R0, #SEND1          ;数据码低电平
SP0:
        CALL    CARRIER0            ;发载波信号
        DJNZ    R0, SP0
        MOV     A, SNDDAT
        MOV     R0, #SEND1          ;'0'数据位高电平
        RRC     A
        MOV     SNDDAT,A
        JNC     SP2
        MOV     R0, #SEND3          ;'1'数据位高电平
SP2:
        CALL    CARRIER1            ;无载波信号
        DJNZ    R0, SP2
        INC     STATUS
        MOV     A, STATUS
        CJNE    A,#8, SENDP         ;8位数据已发完
        MOV     R0, #SEND1          ;发停止位
SP3:
        CALL    CARRIER0
        DJNZ    R0, SP3
        MOV     R0,#0               ;数据间的间隔
        MOV     R1,#3
SP4:
        CALL    CARRIER1
```

```
        DJNZ    R0, SP4
        DJNZ    R1, SP4
        RET
MAIN:
        MOV     SP, #40H
        MOV     DPTR,#0E100H        ;初始化 8155
        MOV     A,#03H              ;A、B 口输出,C 口输入
        MOVX    @DPTR,A
        MOV     LEDBUF,#76H         ;初始化数码管显示数据,显示 HSHR
        MOV     LEDBUF+1,#6DH
        MOV     LEDBUF+2,#76H
        MOV     LEDBUF+3,#0F7H
        MOV     LEDBUF+4,#0
        MOV     LEDBUF+5,#0
        MOV     HASDAT, #0
MLOOP:
        MOV     A,HASDAT
        JNZ     SHOW_DAT
        CALL    DISPLAYLED          ;显示
        CALL    TESTKEY             ;判断是否有键入
        JZ      MLOOP               ;无键入,继续显示
        CALL    GETKEY              ;读入键码
        ANL     A, #0FH             ;显示键码
        MOV     B, A                ;将键码编码
        CPL     A
        ANL     A,#0FH
        SWAP    A
        ORL     A,B
        MOV     SNDDAT,A
        CALL    IR_SEND             ;红外发送
        LJMP    MLOOP
SHOW_DAT:
        MOV     HASDAT,#0
        MOV     LEDBUF+4,#0
        MOV     A, RCVDAT
        ANL     A,#0FH
        MOV     DPTR, #LEDMAP
        MOVC    A, @A+DPTR
        MOV     LEDBUF+5, A
        LJMP    MLOOP
        END
```

4.13 温度测量实验

一、实验目的

了解热敏电阻测温基本工作原理，了解小信号放大器工作的原理和零点、增益调整方法。

二、实验内容

使用电桥将热敏电阻阻值变化转换为电压信号，该信号放大以后经 A/D 转换为数字量并由单片机处理，在 LED 上显示出来。

三、实验设备与器材

(1) 超想-3000TB 综合实验仪	1 台
(2) Keil C 超级仿真器	1 台
(3) 连线	若干根
(4) 计算机	1 台

四、实验原理

温度测量采用热敏元件作为传感器，常用的温度传感器有热敏电阻、热电偶、集成温度传感器等。其中热敏电阻价格便宜且方便耐用。热敏电阻可根据电阻和温度关系有负温度系数、正温度系数和临界温度热敏电阻。

正温度系数热敏电阻简称 PTC，是 Positive Temperature Coefficient 的缩写。PTC 在超过一定的温度（居里温度）时，其电阻值随温度的升高呈阶跃性地增高。其原理是在陶瓷材料中引入微量稀土元素，如 La、Nb 等，可使其电阻率下降到 10 Ω/cm 以下，成为良好的半导体陶瓷材料。这种材料具有很大的正电阻温度系数，在居里温度以上几十度的温度范围内，其电阻率可增大 4～10 个数量级，即产生所谓 PTC 效应。

负温度系数热敏电阻简称 NTC，是 Negative Temperature Coefficient 的缩写。它的阻值是随着温度的升高而下降的。主要是以锰、钴、镍和铜等金属氧化物为主要材料，采用陶瓷工艺制造而成的。这些金属氧化物材料都具有半导体性质，因为在导电方式上完全类似锗、硅等半导体材料。NTC 热敏电阻器温度系数－2％～－6.5％，可广泛应用于温度测量、温度补偿和抑制浪涌电流等场合。

五、实验接线图

图 4.33 所示为温度测量实验接线图。

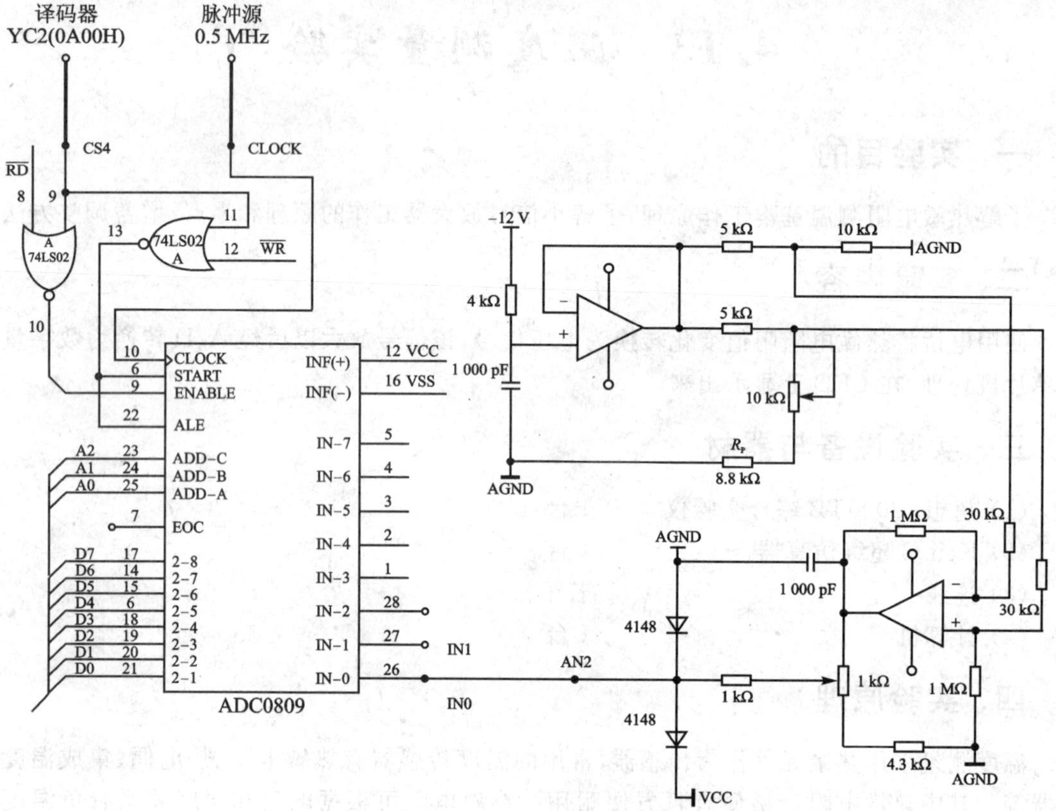

图 4.33　温度测量实验接线图

图中使用的热敏电阻为负温度系数热敏电阻 RT，其温度愈高，电阻愈小，运放输出的电压愈高。该电压信号输入到 AD0809 的第 0 号通道进行转换，读 AD0809 即可得到环境温度值。将“温度传感器”框中的 AN2 孔连接 AD0809 的 0 通道 IN0；“脉冲源”框中的 0.5 MHz 孔连接 AD0809 的 CL0OK 孔；“译码器”的 YC2(0A000H)孔连接 AD0809 的 CS4 孔。

六、实验步骤

(1) 按照如图 4.33 所示实验接线图将实验所需电路连接正确。

(2) 设定仿真模式为程序空间在仿真器上，数据空间在用户板上。

(3) 硬件调试时，可将热敏电阻表面加温。

超想-3000TB+Keil C 超级仿真器连微型计算机，在 Windows 调试环境下打开数据存储区，在 0A000H 地址上写入 00H(即选择 AD0809 的 0 通道)，以启动 ADC0809 对 IN0 上输入电压进行 A/D 转换，然后单击“刷新”按钮，读出 A/D 转换结果。

(4) 输入程序并编译,然后查找并修改程序错误。全速运行程序,使超想-3000TB 显示值随温度 t 的高低而变化,直至达到本实验的要求。

(5) 可通过"温度传感器"框中的电位器,对电桥进行零点平衡调节。

七、程序框图

图 4.34 所示为温度测量实验流程图。

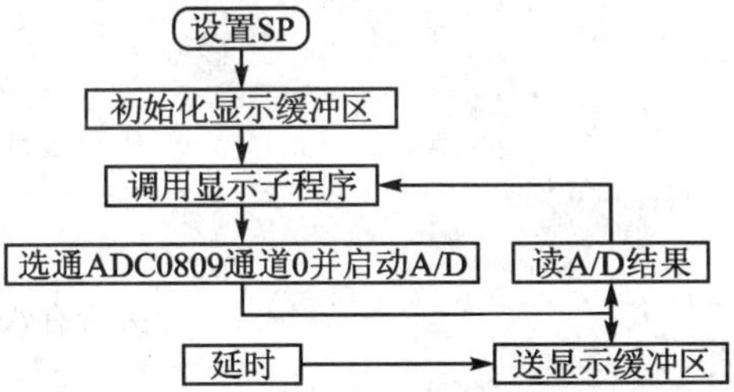

图 4.34　温度测量实验流程图

八、程序清单

温度测量实验程序清单如下:

```
#include<reg51.h>
#include <absacc.h>
#define LEDLEN          6
#define MODE            0x03
#define CS0809          XBYTE[0xa000]
#define CADDR           XBYTE[0xe100]          //命令控制口
#define OUTBIT          XBYTE[0xe101]          //位控制口
#define CLK164          XBYTE[0xe102]          //段控制口(接 74LS164 时钟位)
#define DAT164          XBYTE[0xe102]          //段控制口(接 74LS164 数据位)
#define IN              XBYTE[0xe103]          //键盘读入口
unsigned char LEDBuf[LEDLEN];                  //显示缓冲
code unsigned char LEDMAP[] = {                //八段数码管显示码
  0x3f, 0x06, 0x5b, 0x4f, 0x66, 0x6d, 0x7d, 0x07,
  0x7f, 0x6f, 0x77, 0x7c, 0x39, 0x5e, 0x79, 0x71
};
void Delay(unsigned char CNT)
{
    unsigned char i;
    while (CNT -- ! =0)
```

```
        {
            for (i=100;i ! =0;i--);
        };
}
void DisplayLED()
{
    unsigned char i,j;
    unsigned char Pos;
    unsigned char LED;
    Pos = 0x20;                                  //从左边开始显示
    for (i = 0;i < LEDLEN;i++)
    {
        OUTBIT= 0;                               //关所有八段数码显示管
        LED = LEDBuf[i];
        for (j = 0;j < 8;j++)
        {                                        //送 74LS164
            if (LED & 0x80)
              {
                  DAT164 = 1 ;
              }
            else
              {
                  DAT164 = 0 ;
              };
            CLK164 = CLK164| 0X02;
            CLK164 = CLK164& 0Xfd;
            LED <<= 1;
        };
        OUTBIT = Pos;                            //显示一位八段数码管
        Delay(1);
        Pos >>= 1;                               //显示下一位
    };
    OUTBIT = 0;                                  //关所有八段数码管
}
unsigned char Read0809()
{
     unsigned char i;
     CS0809 = 0;                                 //启动 A/D
```

```
        for (i=0;i<0x20;i++) ;                        //延时 > 100 μs
        return(CS0809);                               //读入结果
    }
    void main()
    {
        unsigned char j;
        CADDR= MODE;
        while(1)
        {
          LEDBuf[0] = 0Xb8;
          LEDBuf[1] = 0X40;
          LEDBuf[2] = 0X40;
          LEDBuf[3] = 0X40;
          LEDBuf[4] = 0X00;
          LEDBuf[5] = 0X00;
          LEDBuf[5] = LEDMAP[Read0809() & 0x0f] ;
          LEDBuf[4] = LEDMAP[Read0809()>>4 & 0x0f] ;
          for(j=0;j<5;j++);                           //延时
          DisplayLED();
        };
    }
```

4.14 微型打印机打印字符实验

一、实验目的

(1) 了解微型打印机与 CPU 的连接方法。
(2) 掌握编程技巧。

二、实验内容

使用微型打印机打印 RAM 区中的 ASCII 码字符。

三、实验原理

微型打印机与单片机的联络信号有两种：

(1) 数据选通触发脉冲　此信号上升沿时启动打印机，并将数据线上 8 位数据送入打印机打印。

(2)“忙”信号　当打印机处于打印状态和执行期间时，会向单片机发送“忙”信号，此时单片机不会再向打印机发送数据，而处于等待状态，直到该信号变为0。

四、实验设备与器材

(1) 超想-3000TB综合实验仪　　1台
(2) 连线　　若干根
(3) 微型打印机　　1台
(4) Keil C超级仿真器　　1台

五、实验接线图

图4.35所示为微型打印机打印字型实验线路图。

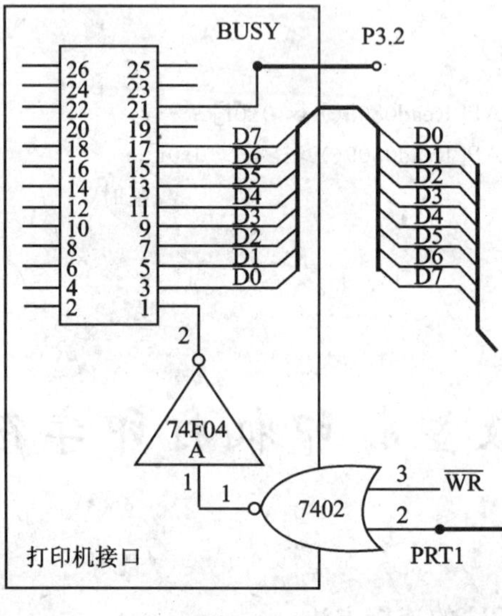

图4.35　微型打印机打印字型实验线路图

将微型打印机与打印机接口用扁平电缆相连，PRT1孔连“译码器”的YC2孔，“总线插孔”区的P3.2孔连BUSY孔。

六、程序框图

图4.36所示为微型打印机打印字型程序流程图。

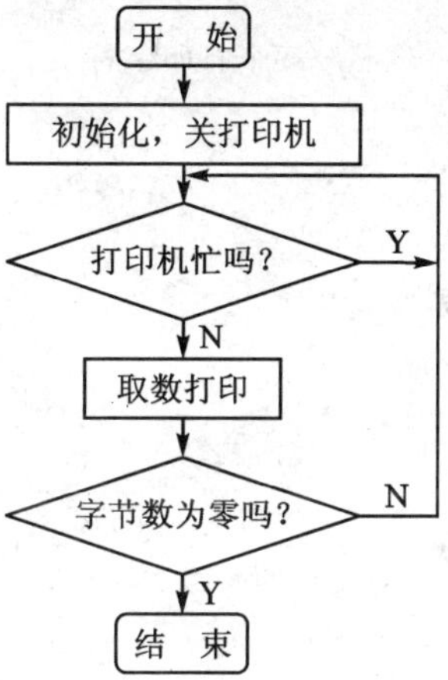

图 4.36 微型打印机打印字型程序流程图

七、程序清单

微型打印机打印字型程序清单如下：

```
#include  <reg51.h>
#include  <absacc.h>
sbit      CS   = P2^4;              //单片机"发"选通信号
sbit      BUSY = P3^2;              //打印机返回"忙"信号
code unsigned char Prtc[]= {
    0x1c,0x26,0x8a,0x0a,0x20,0x50,0x20,0xf0,0xcc,
    0xce,0x0c,0xce,0xcd,0xf2,0xcb,0xea,0x21,0x20,0x23
};                                  //需打印的字符

void Printc(unsigned  char d)       //打印单个字符函数
{
    P0=d;                           //P0 口连接打印机的 8 条数据线
    CS=0x00;
    CS=0x01;                        //选通信号引脚,产生一个上升沿,即可启动打印机打印
    while(BUSY);
}

void main()
{
    unsigned  char i;
    while(1)
```

```
    {
        for(i=0;i<19;i++)              //逐个打印字符
            {
                Printc(Prtc[i]);
            };
    };
}
```

第三部分

附录

附录 A　MCS－51 实验模块简介

超想－3000TB 综合实验仪主板由许多独立的硬件实验模块组成，由此可组成各种各样的硬件实验。板上的"O"型圆孔用来作为测试孔或者用于连线，组成各种实验。

下面将详细地介绍各个实验模块的逻辑图及其功能与作用。

A.1　模拟信号发生器

图 A.1 电位器电路用于产生可变的模拟量。顺时钟旋转，电压值加大；反之，电压值减小。

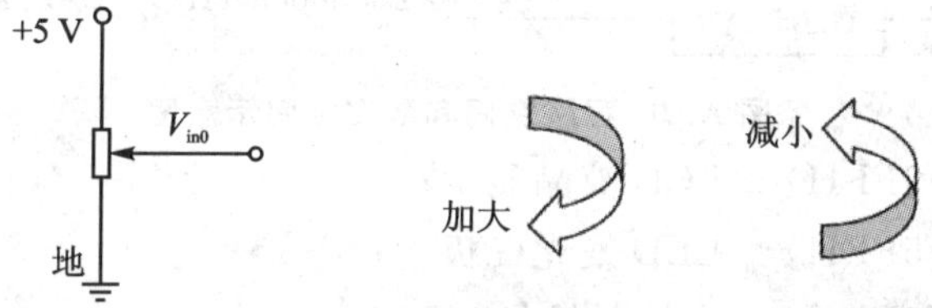

图 A.1　电位器调节示意图

A.2　74LS138 译码器

综合实验仪中的 ROM、RAM 同 64KB 空间统一分配地址，程序空间占用前 32KB(0000H～7FFFH)，数据空间占用后 32 KB(8000H～0FFFFH)，使用两片 74LS138 译码器对后 32KB 空间进行译码。图 A.2 所示为程序空间和数据空间示意图。程序空间分配如下：

EPROM27C256　(0000H～7FFFH)；

YC0～YC1(08000H～09FFFH)　6264RAM；

YC7(0F000H～0FFFFH)　U17 号 74LS138 选通；

YC6(0E000H～0EFFFH)　8155；

YC2(0A000H～0AFFFH)　备用；

YC3(0B000H～0BFFFH)　备用；

YS7(0FE00H～0FFFFH)　DALLAS12887；

YS6(0FC00H～0FDFFH)　自检时的点阵 LED；

YS5(0FA00H～0FBFFH)　LCD 液晶显示；

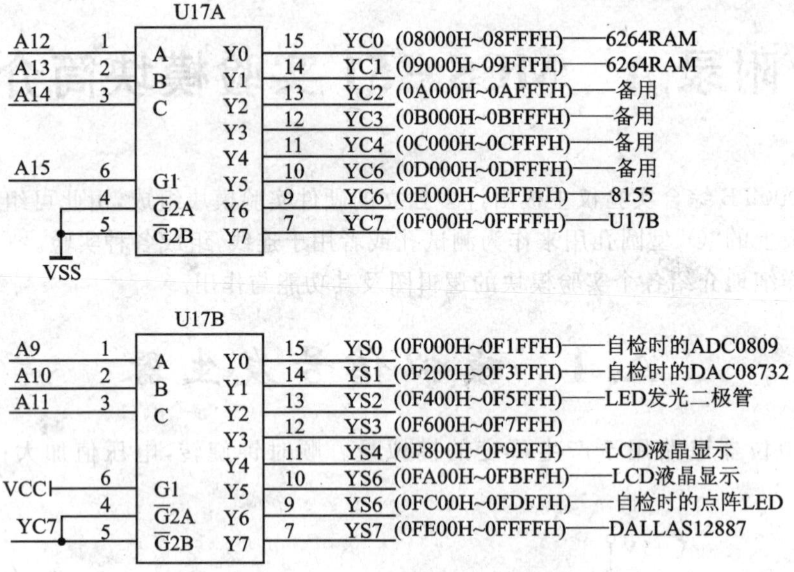

图 A.2 程序空间和数据空间示意图

YS4(0F800H～0F9FFH) LCD 液晶显示；

YS2(0F400H～0F5FFH) LED 发光二极管；

YS1(0F200H～0F3FFH) 自检时的 DAC0832；

YS0(0F000H～0F1FFH) 自检时的 ADC0809。

A.3 开关量发生器

实验平台上有 8 只拨动开关 K0～K7 及相应的驱动电路，以产生“1”、“0”的逻辑电平。开关向上拨相应插孔输出高电平为“1”；反之，输出低电平为“0”。图 A.3 所示为开关量发生器开关示意图。

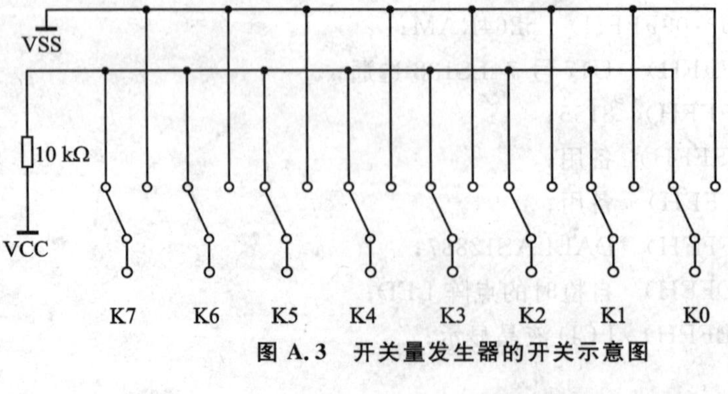

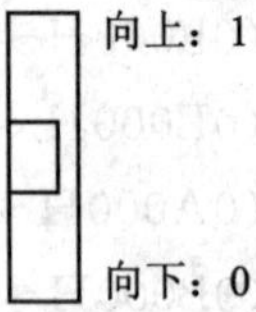

图 A.3 开关量发生器的开关示意图

A.4 信号发生器

由(U3)74LS04、(U43)74LS00 组成的信号发生电路,每按一次带锁开关即产生一个单脉冲。由(U26)74LS02、(U1)74LS393 组成信号发生电路,可产生 0.25 MHz、0.5 MHz、1 MHz、2 MHz 脉冲信号。图 A.4 所示为信号发生器电路。

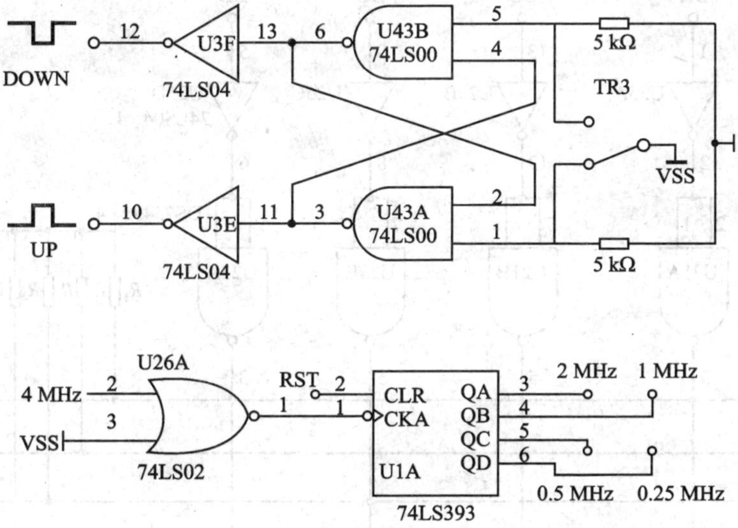

图 A.4 信号发生器电路

A.5 发光二极管组

实验平台上有 8 只发光二极管[L0～L7],由 U33 的 74HC245 驱动,以显示电平状态。高电平"1"点亮发光二极管。图 A.5 所示为发光二极管组合电路。

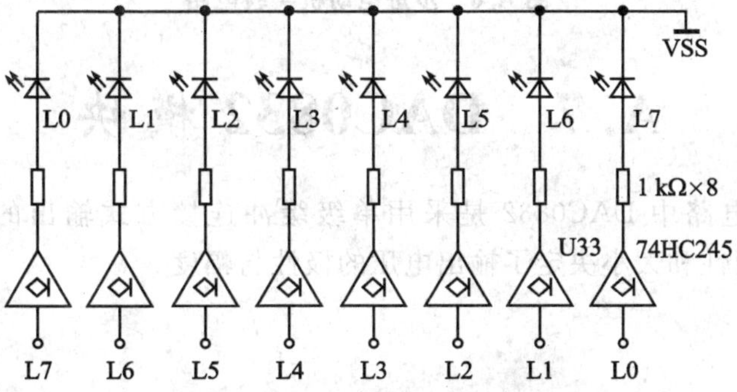

图 A.5 发光二极管组合电路

A.6 步进电动机实验电路

综合实验仪选用的是四相步进电动机，由（U25）74LS04 和（U21、U23）75452 驱动。图 A.6 所示为步进电动机实验电路。

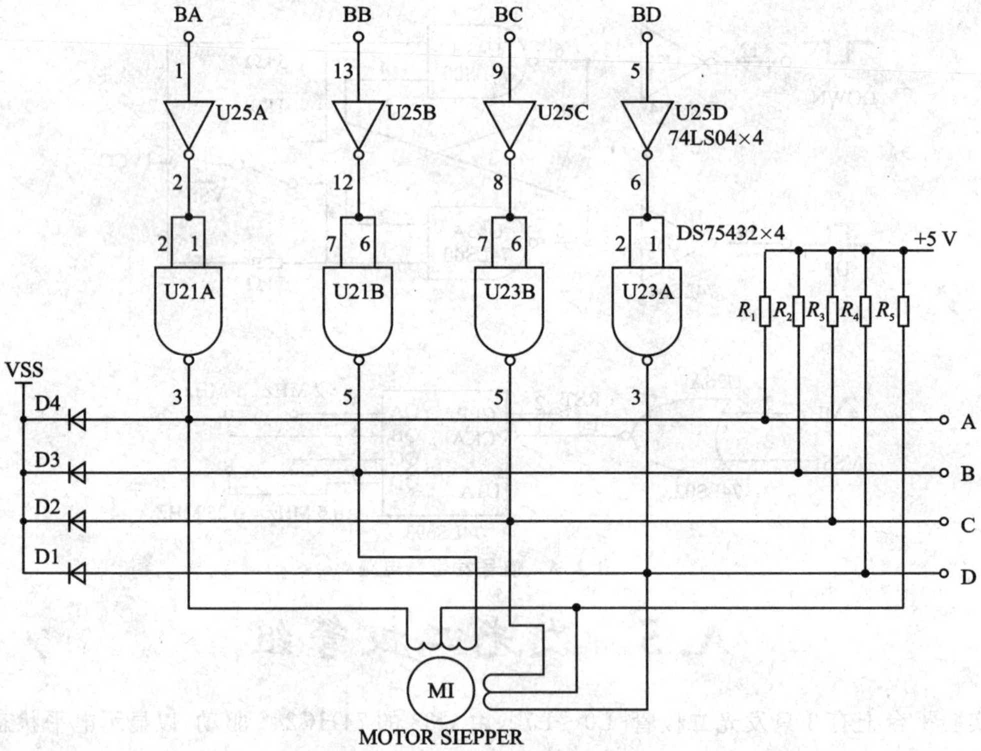

图 A.6 步进电动机实验电路

A.7 DAC0832 模块

如图 A.7 所示电路中 DAC0832 是采用单级缓冲连接方式输出的，用来产生三角波。VREF 引脚的电压极性和大小决定了输出电压的极性与幅度。

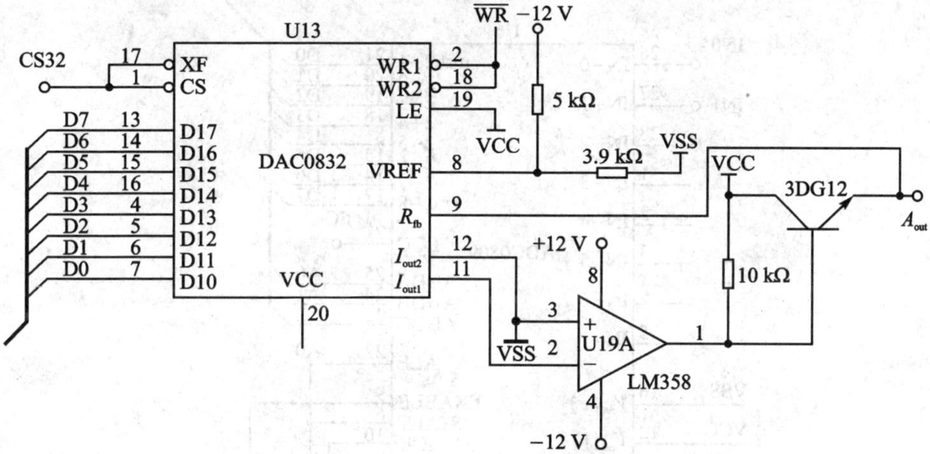

图 A.7 DAC0832 模块电路图

A.8 音响模块

图 A.8 音响实验电路中扬声器由 LM386(U16)驱动。

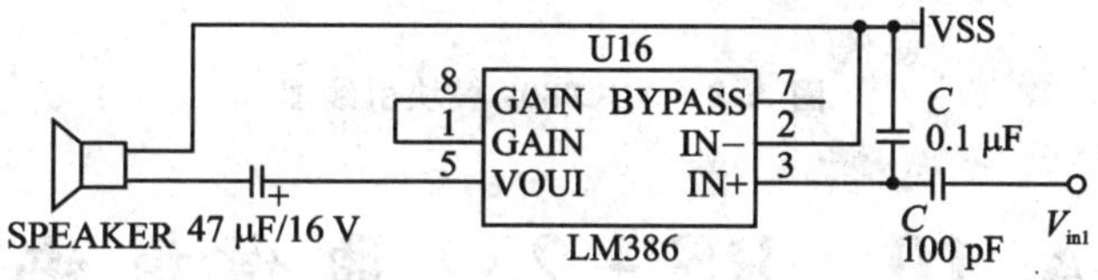

图 A.8 音响实验电路

A.9 ADC0809 模块

如图 A.9 所示实验中采用的转换器为 ADC0809,它是一种 8 路模拟输入、8 位数字输出的逐次逼近型 A/D 器件,转换时间为 100 μs。

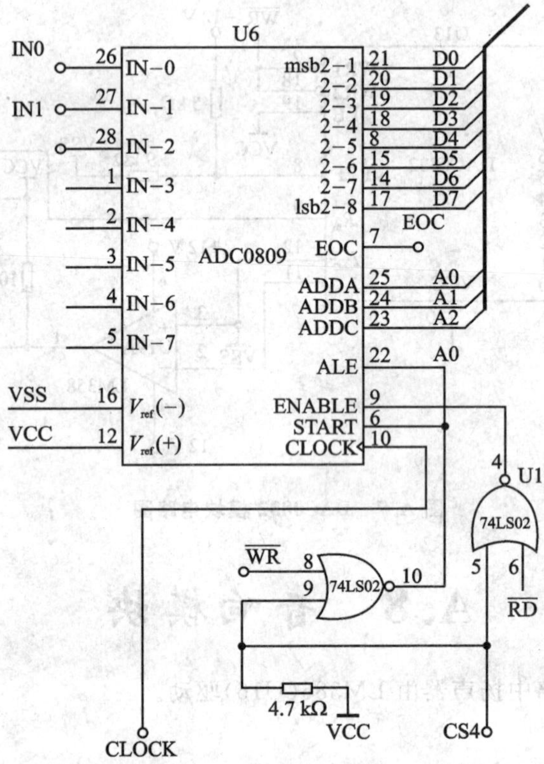

图 A.9　ADC0809 模块引线图

A.10　RS－232 通信模块

电路采用 MAX232 通信接口芯片，是一种双组驱动器/接收器，片内含有一个电容性电压发生器，以便在单 5 V 电源供电时提供 EIA/TIA－232－E 电平；每个接收器将 EIA/TIA－232－E 电平输入转换为 5 VTTL/CMOS 电平；这些收发器具有 1.3 V 的典型门限值及 0.5 V 的典型迟滞，而且可以接收±30 V 的输入；每个驱动器将 TTL/CMOS 输入电平转换为 EIA/TIA－232－E 电平。图 A.10 所示为 MAX232 通信接接口芯片结构图。

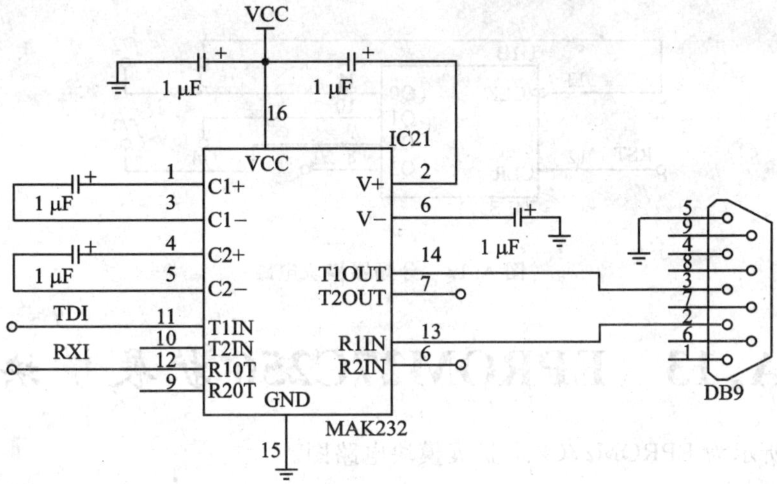

图 A.10　MAX232 通信接口芯片结构图

A.11　PWM 模块

图 A.11 所示为积分转换电路，单片机通过外接积分转换电路，可以将脉冲的占空比变成直流电压。

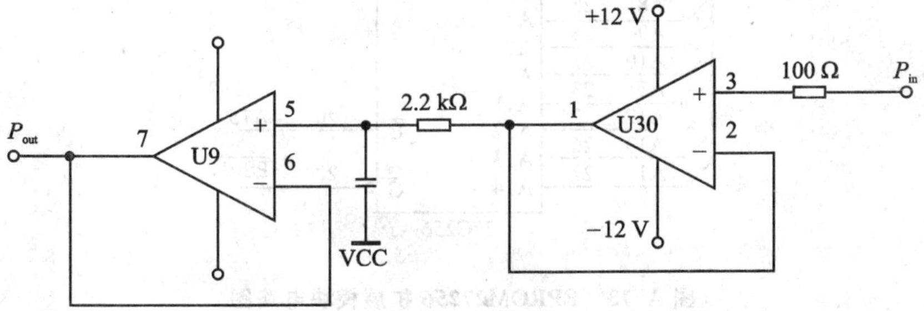

图 A.11　PWM 模块外接积分转换电路

A.12　分频器模块

由 74LS74 的一组锁存器组成二分频的分频器，另一组的引脚均以插孔方式引出。如把 2D 孔与 2/Q 孔相连还可产生另一个二分频的分频器，分频器模块如图 A.12 所示。

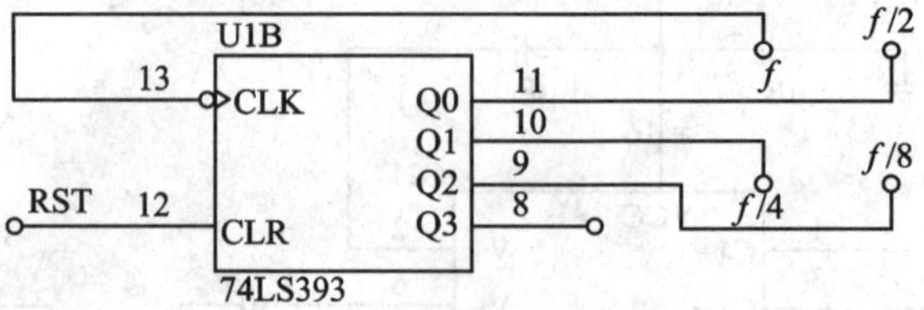

图 A.12　分频器模块电路

A.13　EPROM27C256 扩展模块

图 A.13 所示为 EPROM27C256 扩展模块电路图。

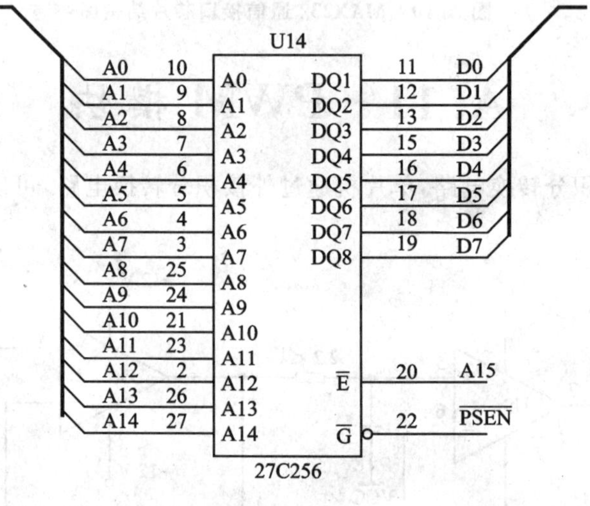

图 A.13　EPROM27256 扩展模块电路图

A.14　V/F 压频转换

图 A.14 为 LM331 为 V/F 转换器，其功能是把输入的模拟电压信号转换为频率信号输出。

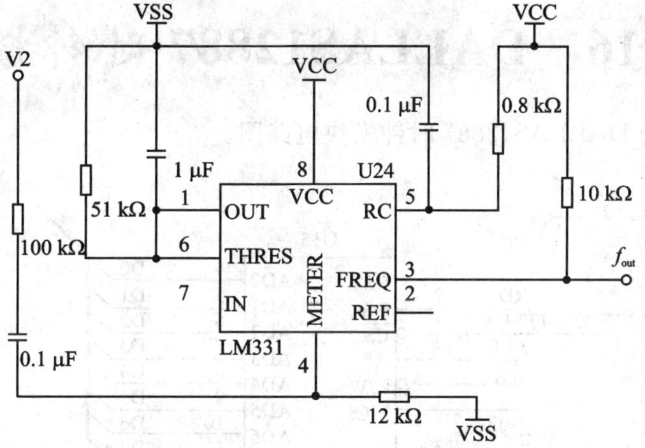

图 A.14　V/F 压频转换器电路图

A.15　RAM6264 扩展模块

图 A.15 所示为 RAM6264 扩展模块电路图。

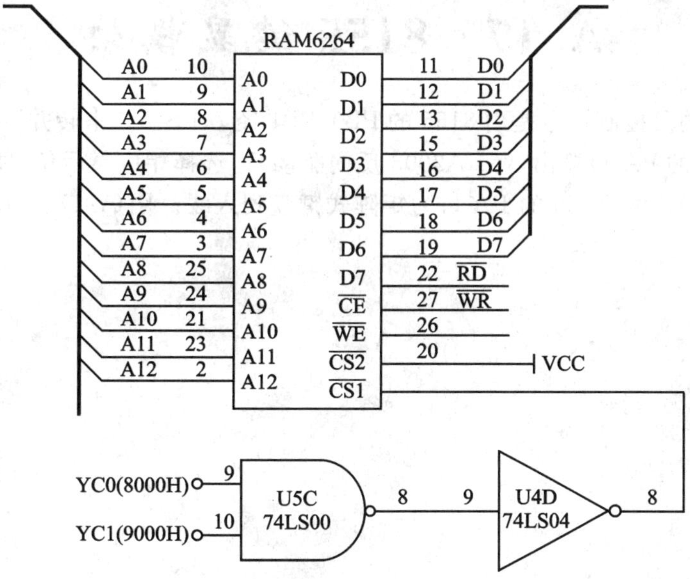

图 A.15　RAM6264 扩展模块电路图

A.16 DALLAS12887 时钟模块

图 A.16 所示为 DALLAS12887 时钟模块电路图。

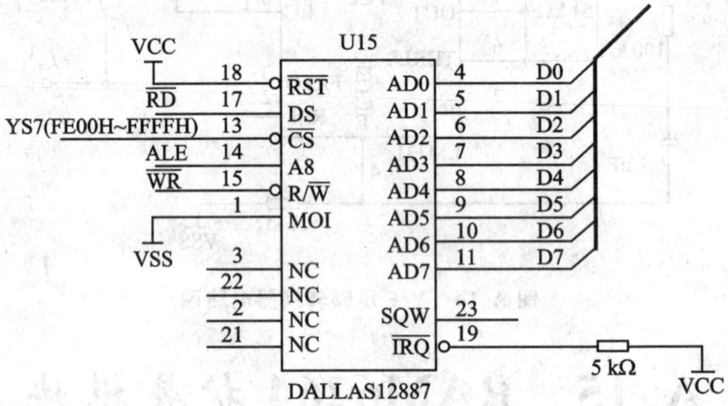

图 A.16 DALLAS12887 时钟模块电路图

A.17 8155 键显模块

数码显示器的段控制信号是由 8155 的 PB0、PB1 经 74LS164“串转并”后输出得到，6 位位控制信号由 8155 的 PA 口输出，经 μA2003 反向驱动后，选择相应显示位。8155 的 PC 口作为矩阵式的键盘行扫描线，8155 的 PA 口为矩阵式键盘列入线。图 A.17 所示为 8155 键显电路组成图。

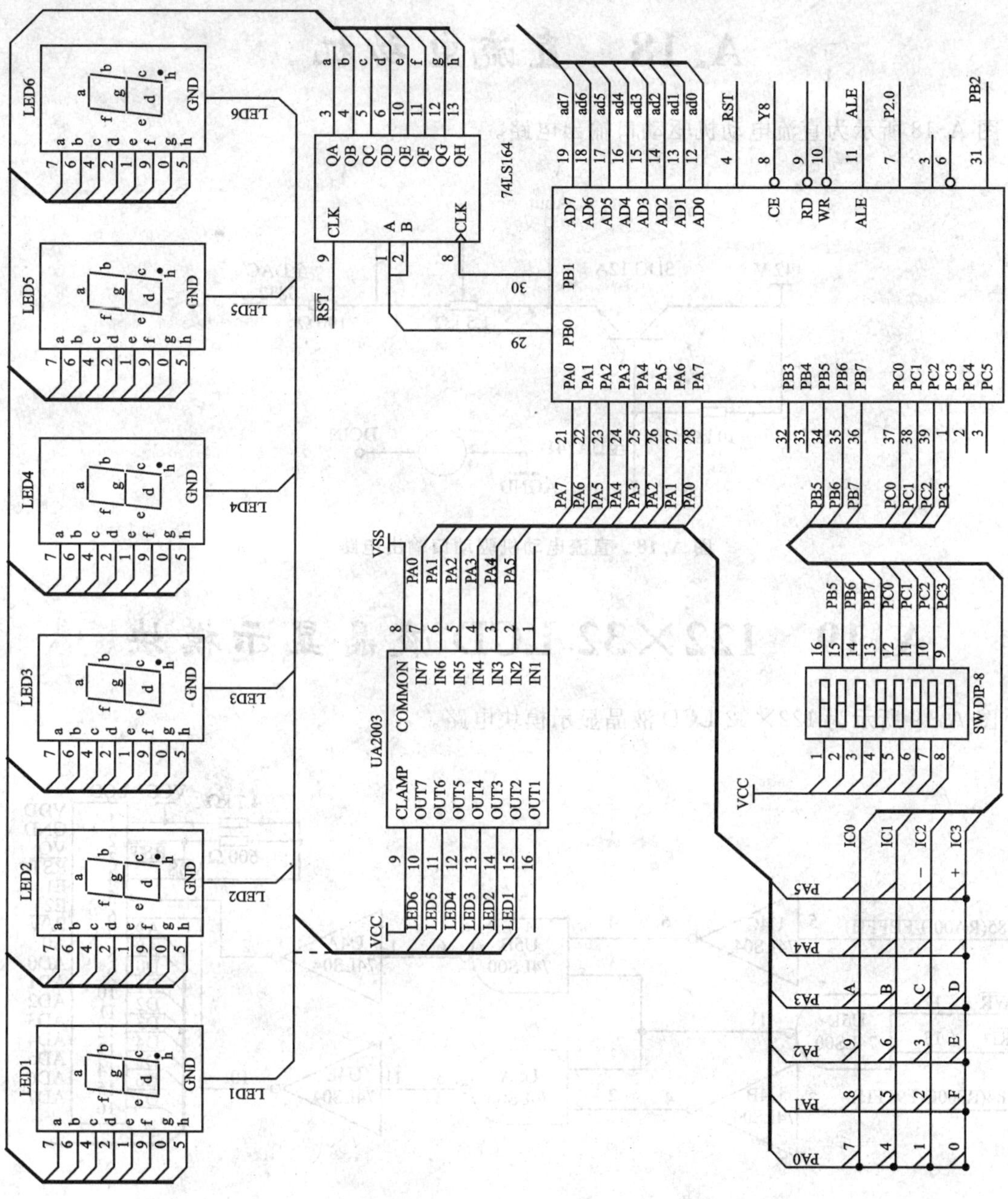

图A.17 8155键显电路组成图

A.18 直流电动机

图 A.18 所示为直流电动机驱动口输出电路。

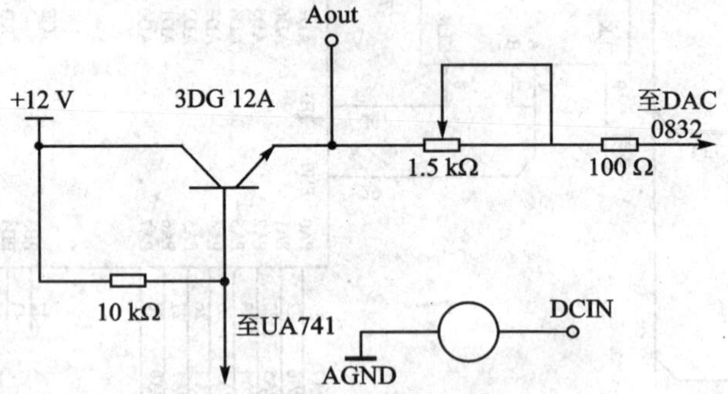

图 A.18 直流电动机驱动口输出电路

A.19 122×32 LCD 液晶显示模块

图 A.19 所示为 122×32 LCD 液晶显示模块电路。

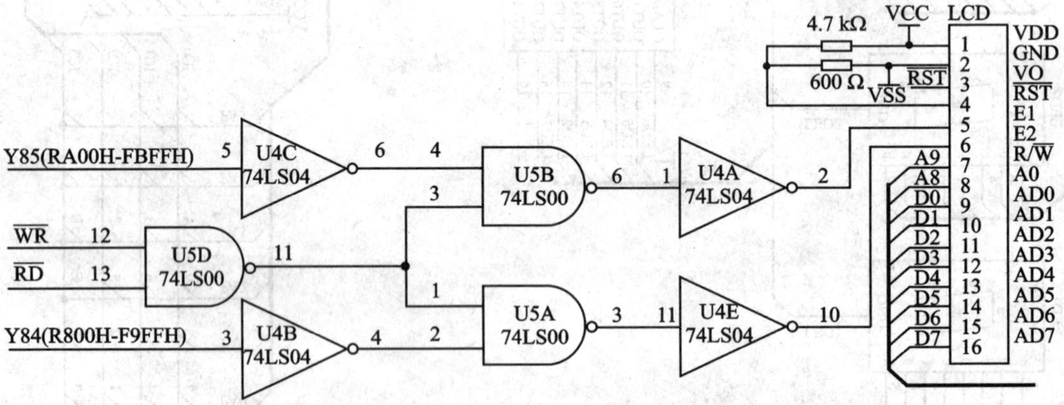

图 A.19 122×32LCD 液晶显示模块电路图

A. 20 点阵式 LED 模块

如图 A. 20 所示电路中，由 74LS240 提供 20 mA 的驱动电流输入 LED 点阵阵列，电流从 LED 点阵排行输出经过 74LS164 构成回路，从而点亮 LED 点阵阵列。

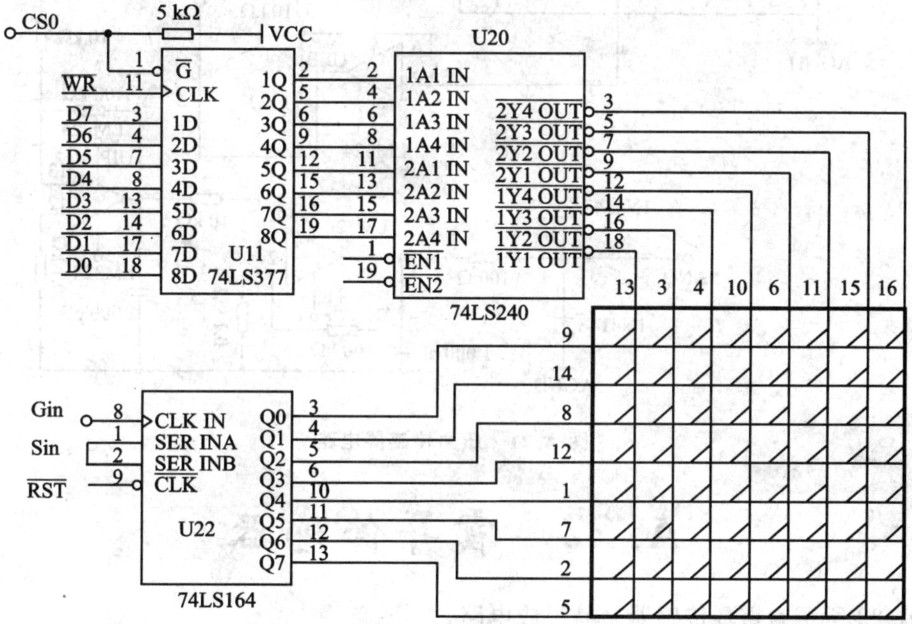

图 A. 20 点阵阵列 LED 模块电路

A. 21 压力传感器

压力传感器的工作原理是：当在应变片上施加一力时引起电桥不平衡，将此压力信号经传感器电路转换为微弱的电压信号，并经过 LM324 运算放大器，把信号放大至 0～5 V，作为 ADC0809 输入信号。图 A. 21 所示为压力传感器组成电路。

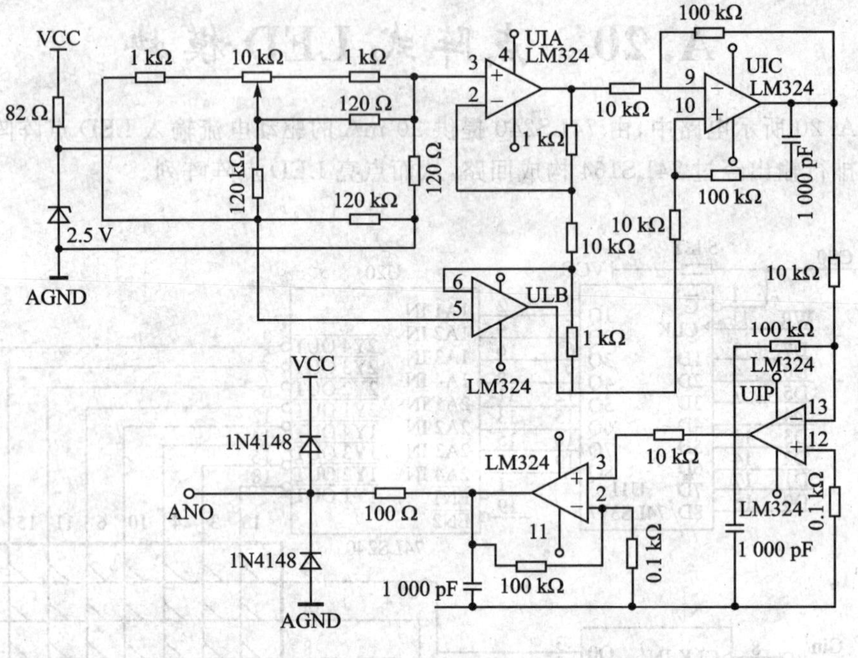

图 A.21　压力传感器电路

A.22　霍耳传感器

图 A.22 所示为霍耳传感器简易组成电路。

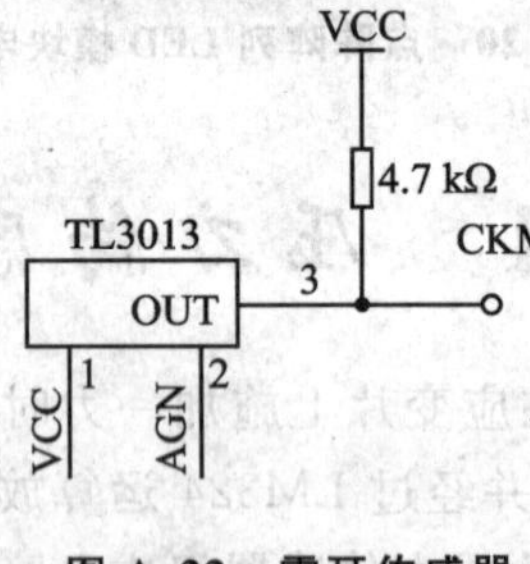

图 A.22　霍耳传感器

A.23　温度传感器

如图 A.23 所示为温度测量前端电路，它是将温度经过热敏电阻转换为电压信号，经过放大器放大后进入 A/D 中。

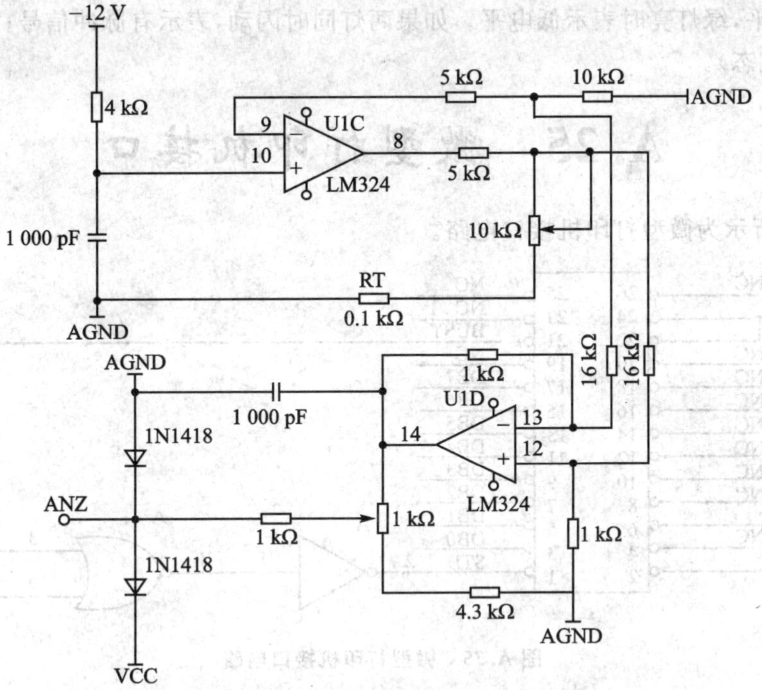

图 A.23 温度传感器测量前端电路

A.24 逻辑笔电路

超想-3000TB综合实验仪上有逻辑测量电路(见图 A.24),用于测量各种电平,其中红灯

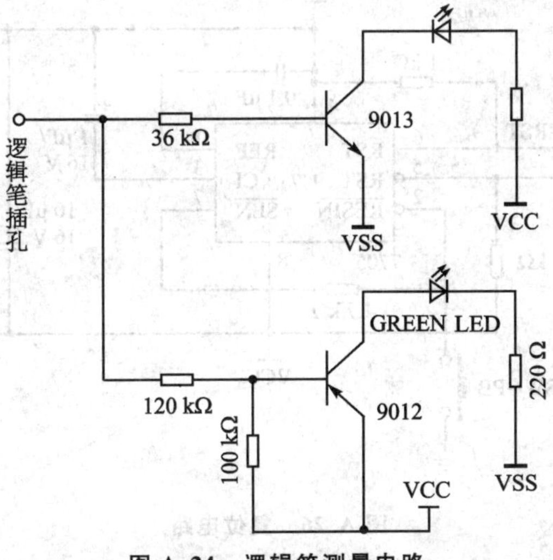

图 A.24 逻辑笔测量电路

亮时表示高电平，绿灯亮时表示低电平。如果两灯同时闪动，表示有脉冲信号；如两灯都亮时，表示浮空（高阻态）。

A.25 微型打印机接口

图 A.25 所示为微型打印机接口电路。

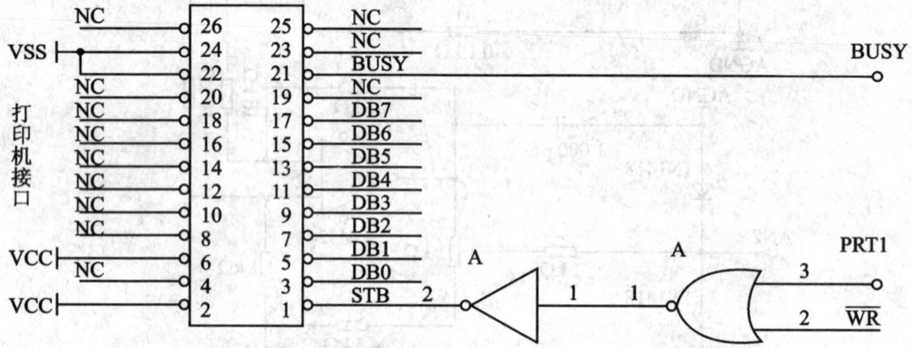

图 A.25 微型打印机接口电路

A.26 复位电路

图 A.26 所示为复位电路。

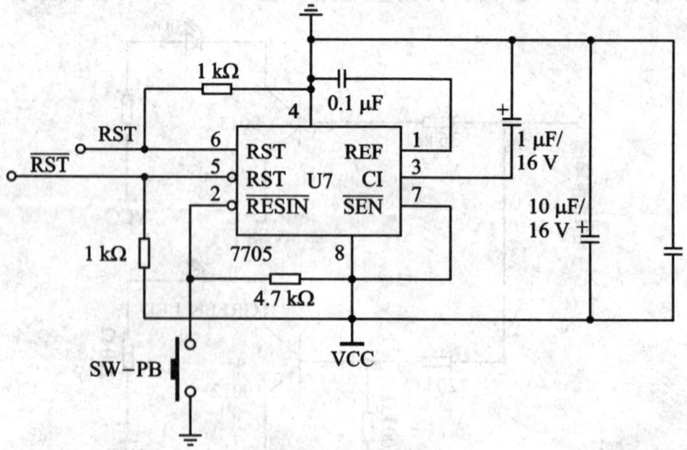

图 A.26 复位电路

A.27 红外线发送/接收

图 A.27 所示为红外线发送/接收电路。

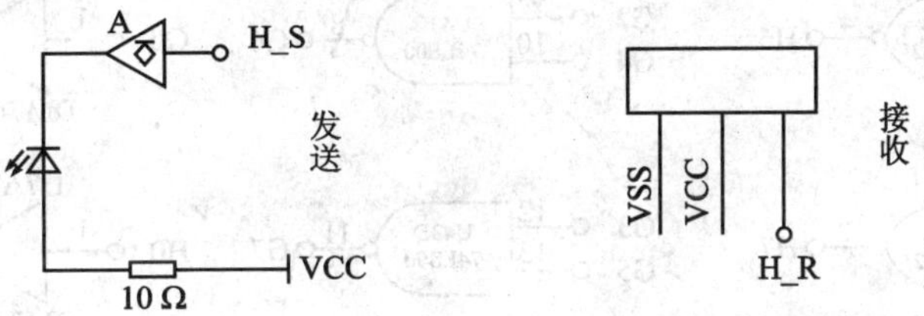

图 A.27 红外线发送/接收电路

A.28 LED 发光二极管总线驱动

图 A.28 所示为 LED 发光二极管总线驱动电路。

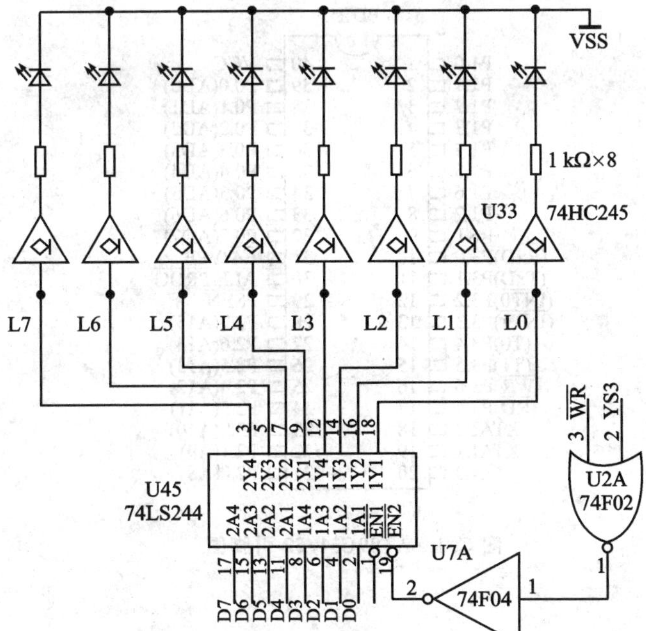

图 A.28 LED 发光二极管总线驱动电路

附录 B 常用逻辑门电路

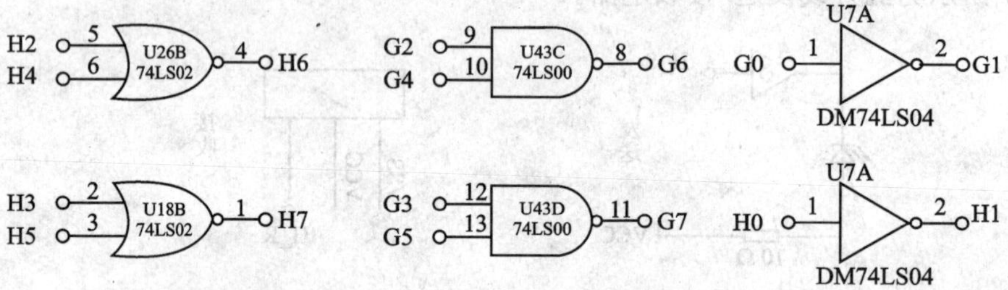

附录 C 常用芯片引脚图

1. AT89C51/52 单片机(引脚见图 C.1)

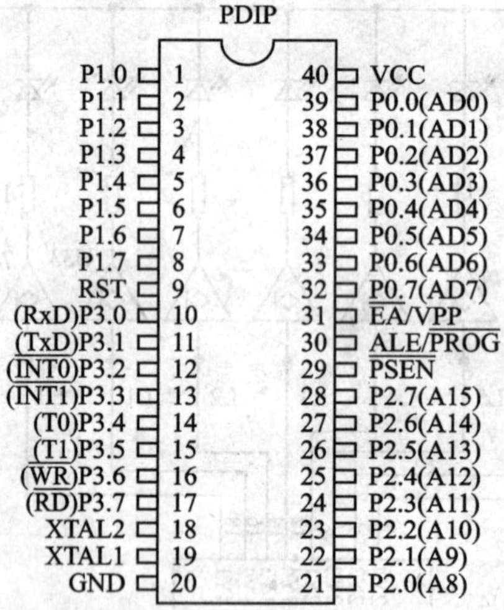

图 C.1 AT89C51/52 引脚图

2. ADC0809 转换器(引脚见图 C.2)

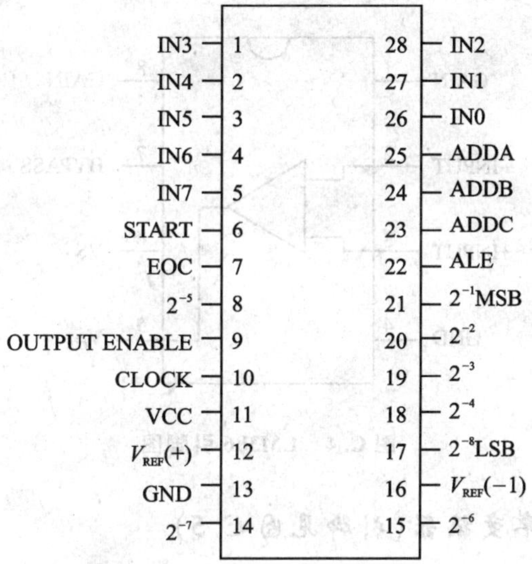

图 C.2 ADC0809 转换器引脚图

3. DAC0832 转换器(引脚见图 C.3)

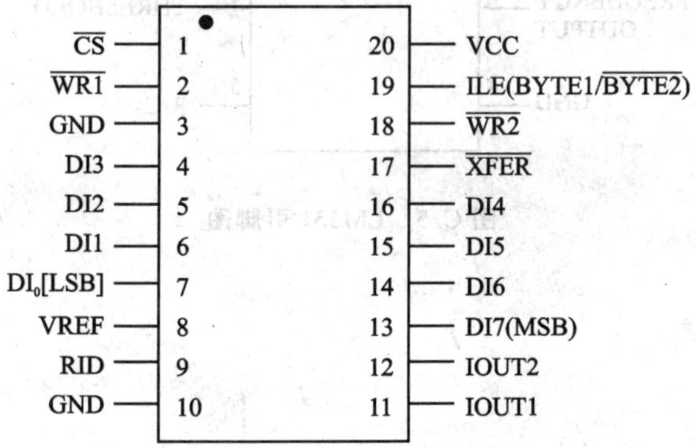

图 C.3 DAC0832 转换器引脚图

4. LM386 低电压音频放大器(引脚见图 C. 4)

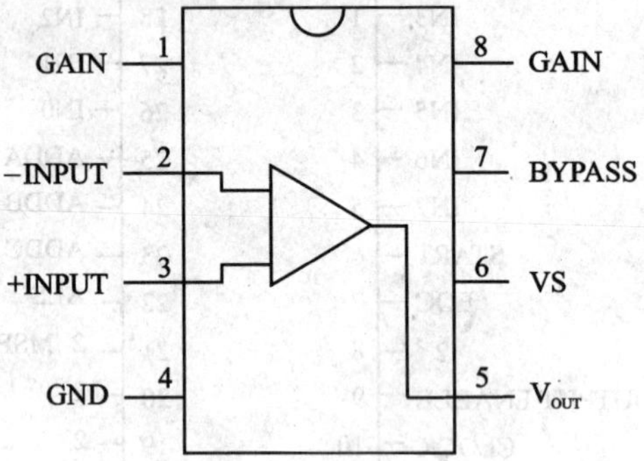

图 C. 4　LM386 引脚图

5. LM331 电压频率变换器(引脚见图 C. 5)

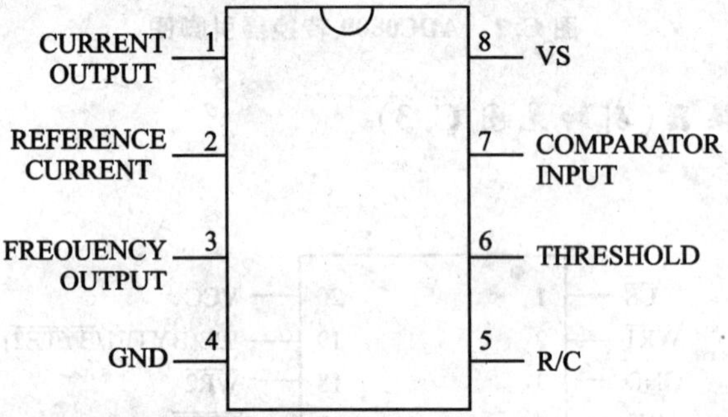

图 C. 5　LM331 引脚图

6. HM6264 静态 RAM(8K)(引脚见图 C.6)

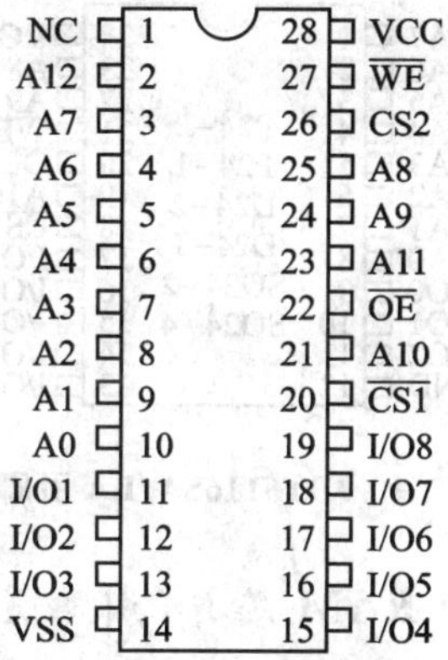

图 C.6 HM6264 静态 RAM

7. KM62256 静态 RAM(32K)(引脚见图 C.7)

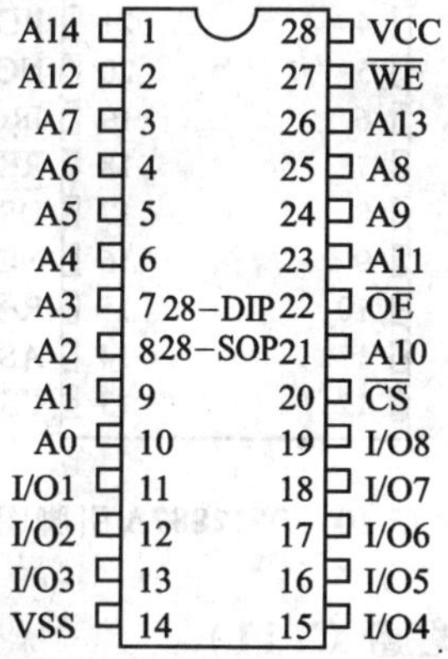

图 C.7 KM62256 引脚图

8. MAX232 电平转换芯片(引脚见图 C.8)

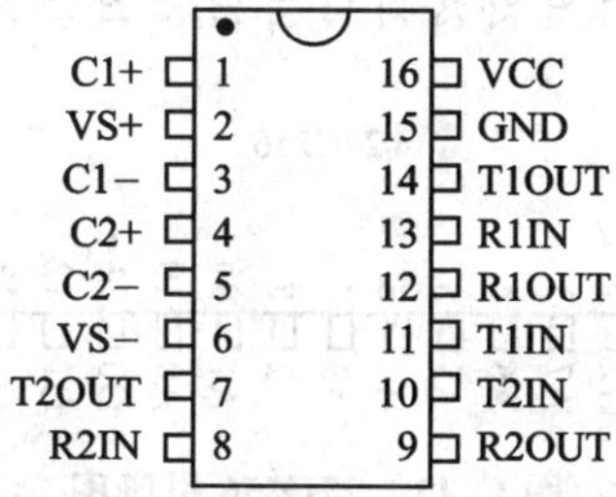

图 C.8 MAX232 电平转换芯片图

9. IDT6116SA/LA 静态 RAM(2K)(引脚见图 C.9)

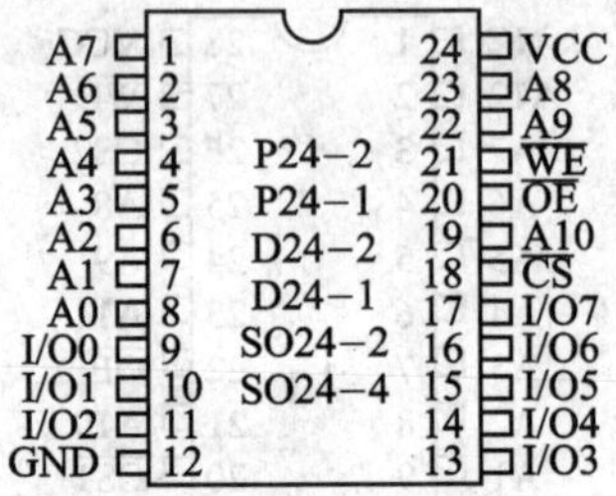

图 C.9 IDT6116SA/LA 引脚图

10. DS12887A 日历、时钟加 RAM 芯片(引脚见图 C.10)

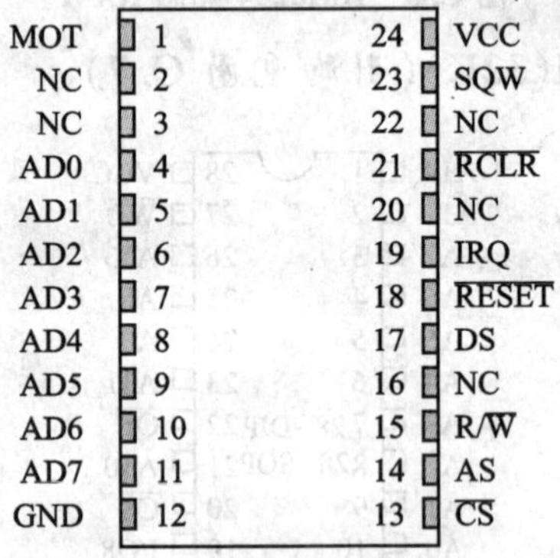

图 C.10 DS12887A 引脚图

11. 27C256 EPROM(引脚见图 C.11)

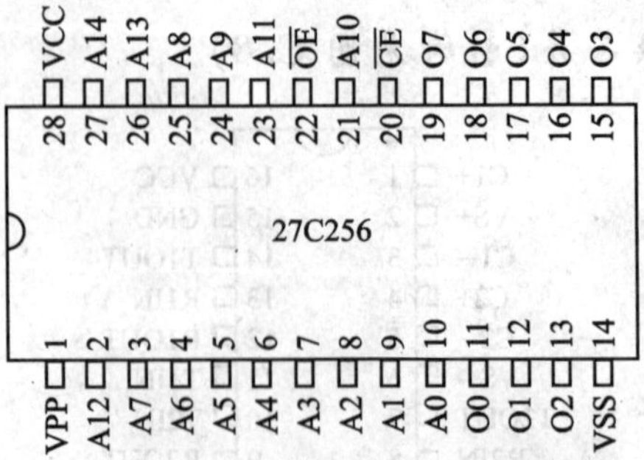

图 C.11 27C256 引脚图

12. 74LS164 串入并出移位寄存器(引脚见图 C.12)

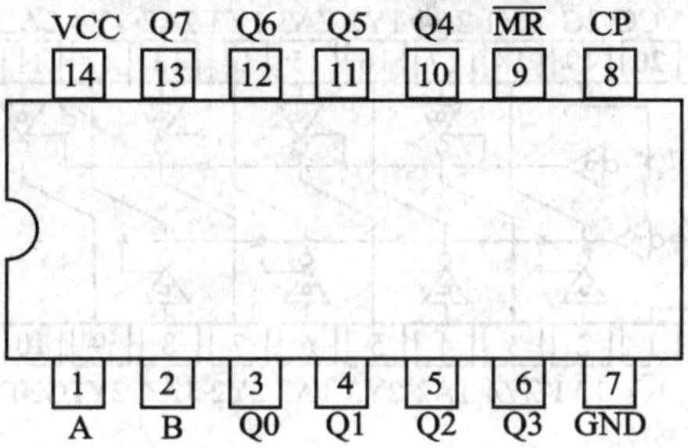

图 C.12 74LS164 引脚图

13. 74LS393 四位双二进制计数器(引脚见图 C.13)

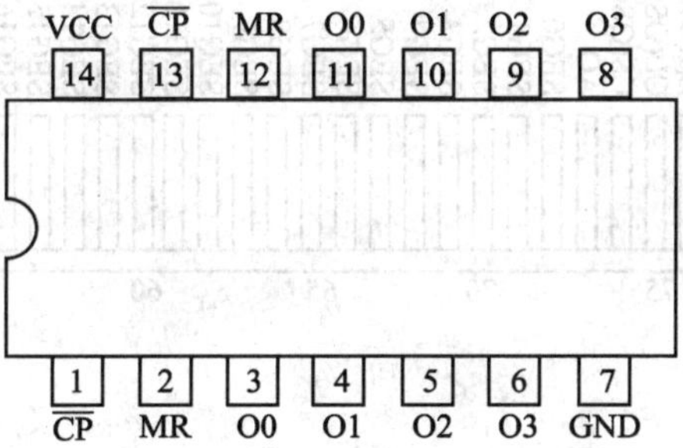

图 C.13 74LS393 计数器引脚图

14. 74LS373 八位锁存器(引脚见图 C.14)

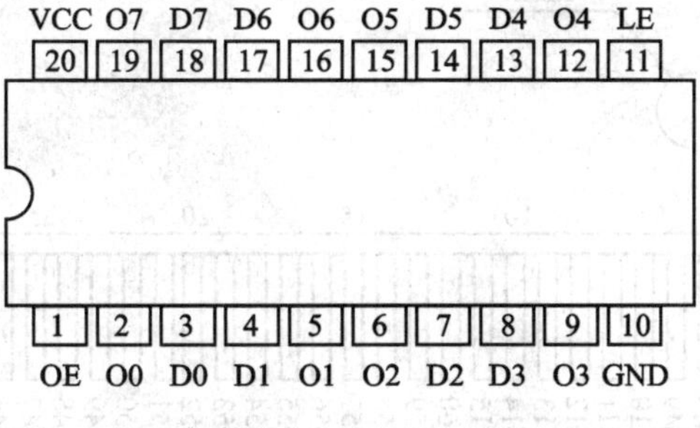

图 C.14 74LS373 引脚图

15. 74LS240 总线驱动器(引脚见图 C.15)

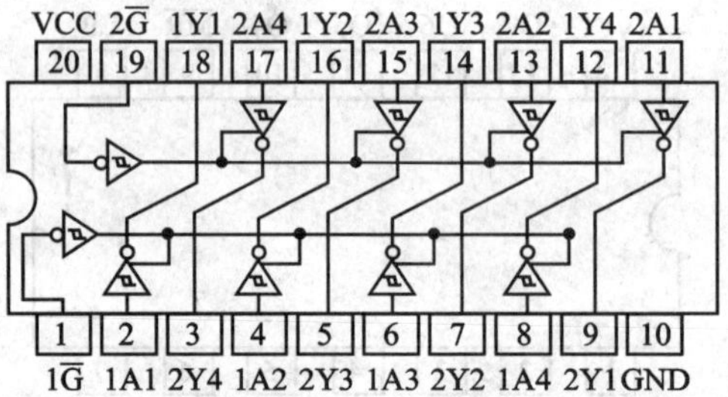

图 C.15 74LS240 引脚图

16. SED1520、LCD12232 液晶显示控制器(引脚见图 C.16)

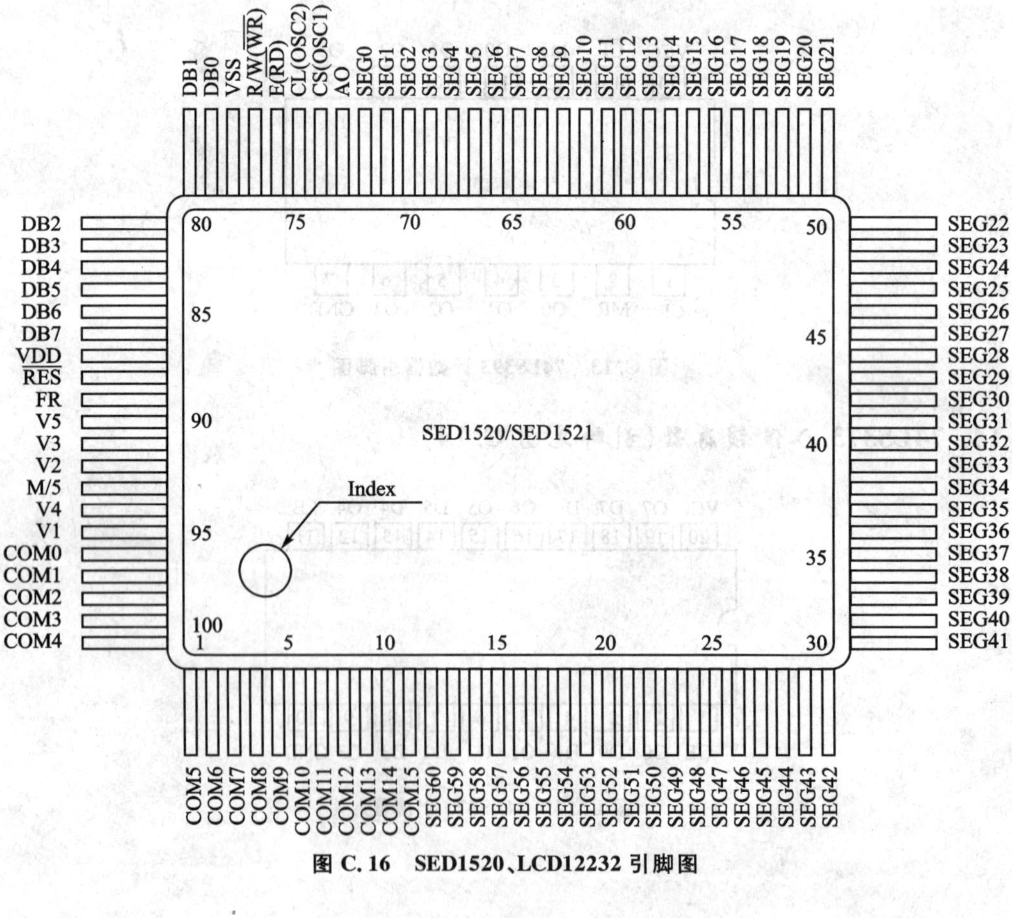

图 C.16 SED1520、LCD12232 引脚图

附录D 超想-3000TB 综合实验仪的系统资源分配

以下表所列为扩展模块及其响应的资源分配。

扩展模块	资源分配(138 译码)
27C256	0000H～7FFFH
6264 8155	(YC0,YC1)8000H～9FFFH (YC6)0E000H～0EFFFH
LCD 液晶显示	(YS4～YS5)0F800H～0FBFFH
DS12887 LED 二极管总线驱动 自检时 AD0809	(YS7)0FE00H～0FFFFH (YS2)0F400H～0F5FFH (YS0)0F000H～0F1FFH
自检时 DA0832	(YS1)0F200H～0F3FFH
自检时点阵 LED 自检时微型打印机	(YS6)0FC00H～0FDFFH YC2(0A000H～0AFFFH)
备　用	(YC2)0A000H～0AFFFH
备　用	(YC3)0B000H～0BFFFH

参考文献

[1] 胡辉. 单片机原理及应用[M]. 北京：中国水利水电出版社. 2005.
[2] 尹勇，李宇. μVision 2 单片机应用程序开发指南[M]. 北京：科学出版社. 2004.
[3] 赵文博，刘文涛. 单片机语言 C51 程序设计[M]. 北京：人民邮电出版社. 2005.
[4] 纪宗南. 单片机外围器件实用手册输入通道器件分册[M]. 北京：北京航空航天大学出版社. 1998.
[5] 宋培义，刘立新. 单片微机原理、接口技术及应用[M]. 北京：中国广播电视出版社. 1999.
[6] 李朝青. 单片机原理及接口技术[M]. 北京：北京航空航天大学出版社. 1999.
[7] 胡伟，季晓衡. 单片机 C 程序设计及应用实例[M]. 北京：人民邮电出版社. 2003.
[8] 彭为，黄科，雷道仲. 单片机典型系统设计实例精讲[M]. 北京：电子工业出版社. 2006.
[9] 付家才. 单片机控制工程实践技术. 北京：化学工业出版社. 2004.
[10] 姚凯学，孟传良. 单片机原理及应用[M]. 重庆. 重庆大学出版社. 1998.